U0203174

教育部高等学校电子信息类专业教学指导委员会规划教材

高等学校电子信息类专业系列教材

Robot System: Design and Application

机器人系统设计及其应用技术

赵建伟　主编
Zhao Jianwei

清华大学出版社

北京

内 容 简 介

本书系统地论述了机器人系统的设计方法及其应用技术,内容包括绪论、机器人应用技术、机器人系统设计基础、智能车机器人本体设计、机器人视觉系统、机器人传感器技术、机器人系统仿真和机器人系统开发。本书注重将机器人基础理论与应用技术相结合,力求反映国内外机器人研究领域的新进展,使读者能深入理解机器人系统的四个组成部分(机械系统、电气系统、控制系统和软件系统),真正地将理论学习与实际应用相结合。

本书可作为高等学校机电类、仪器类、电子信息类与计算机类专业的本科生教材,也可作为相近专业的研究生和中高职学生的参考教材,还可供有关科技人员参考。

本书封面贴有清华大学出版社防伪标签,无标签者不得销售。

版权所有,侵权必究。举报: 010-62782989,beiqinquan@tup.tsinghua.edu.cn。

图书在版编目(CIP)数据

机器人系统设计及其应用技术/赵建伟主编. —北京:清华大学出版社,2017(2023.8重印)
(高等学校电子信息类专业系列教材)
ISBN 978-7-302-47503-3

Ⅰ. ①机… Ⅱ. ①赵… Ⅲ. ①机器人-系统设计-高等学校-教材 Ⅳ. ①TP242

中国版本图书馆 CIP 数据核字(2017)第 142132 号

责任编辑:盛东亮
封面设计:李召霞
责任校对:胡伟民
责任印制:丛怀宇

出版发行:清华大学出版社
    网 址:http://www.tup.com.cn,http://www.wqbook.com
    地 址:北京清华大学学研大厦 A 座   邮 编:100084
    社 总 机:010-83470000   邮 购:010-62786544
    投稿与读者服务:010-62776969,c-service@tup.tsinghua.edu.cn
    质量反馈:010-62772015,zhiliang@tup.tsinghua.edu.cn
    课件下载:http://www.tup.com.cn,010-83470236
印 装 者:三河市君旺印务有限公司
经 销:全国新华书店
开 本:185mm×260mm   印 张:11.75   字 数:295 千字
版 次:2017 年 11 月第 1 版   印 次:2023 年 8 月第 9 次印刷
定 价:39.00 元

产品编号:073322-01

高等学校电子信息类专业系列教材

顾问委员会

谈振辉	北京交通大学（教指委高级顾问）	郁道银	天津大学（教指委高级顾问）
廖延彪	清华大学　（特约高级顾问）	胡广书	清华大学（特约高级顾问）
华成英	清华大学　（国家级教学名师）	于洪珍	中国矿业大学（国家级教学名师）
彭启琮	电子科技大学（国家级教学名师）	孙肖子	西安电子科技大学（国家级教学名师）
邹逢兴	国防科学技术大学（国家级教学名师）	严国萍	华中科技大学（国家级教学名师）

编审委员会

主 任	吕志伟	哈尔滨工业大学			
副主任	刘　旭	浙江大学		王志军	北京大学
	隆克平	北京科技大学		葛宝臻	天津大学
	秦石乔	国防科学技术大学		何伟明	哈尔滨工业大学
	刘向东	浙江大学			
委 员	王志华	清华大学		宋　梅	北京邮电大学
	韩　焱	中北大学		张雪英	太原理工大学
	殷福亮	大连理工大学		赵晓晖	吉林大学
	张朝柱	哈尔滨工程大学		刘兴钊	上海交通大学
	洪　伟	东南大学		陈鹤鸣	南京邮电大学
	杨明武	合肥工业大学		袁东风	山东大学
	王忠勇	郑州大学		程文青	华中科技大学
	曾　云	湖南大学		李思敏	桂林电子科技大学
	陈前斌	重庆邮电大学		张怀武	电子科技大学
	谢　泉	贵州大学		卞树檀	第二炮兵工程大学
	吴　瑛	解放军信息工程大学		刘纯亮	西安交通大学
	金伟其	北京理工大学		毕卫红	燕山大学
	胡秀珍	内蒙古工业大学		付跃刚	长春理工大学
	贾宏志	上海理工大学		顾济华	苏州大学
	李振华	南京理工大学		韩正甫	中国科学技术大学
	李　晖	福建师范大学		何兴道	南昌航空大学
	何平安	武汉大学		张新亮	华中科技大学
	郭永彩	重庆大学		曹益平	四川大学
	刘缠牢	西安工业大学		李儒新	中科院上海光学精密机械研究所
	赵尚弘	空军工程大学		董友梅	京东方科技集团
	蒋晓瑜	装甲兵工程学院		蔡　毅	中国兵器科学研究院
	仲顺安	北京理工大学		冯其波	北京交通大学
	黄翊东	清华大学		张有光	北京航空航天大学
	李勇朝	西安电子科技大学		江　毅	北京理工大学
	章毓晋	清华大学		谢凯年	赛灵思公司
	刘铁根	天津大学		张伟刚	南开大学
	王艳芬	中国矿业大学		宋　峰	南开大学
	苑立波	哈尔滨工程大学		靳　伟	香港理工大学
丛书责任编辑	盛东亮	清华大学出版社			

序

FOREWORD

  我国电子信息产业销售收入总规模在 2013 年已经突破 12 万亿元,行业收入占工业总体比重已经超过 9%。电子信息产业在工业经济中的支撑作用凸显,更加促进了信息化和工业化的高层次深度融合。随着移动互联网、云计算、物联网、大数据和石墨烯等新兴产业的爆发式增长,电子信息产业的发展呈现了新的特点,电子信息产业的人才培养面临着新的挑战。

  (1)随着控制、通信、人机交互和网络互联等新兴电子信息技术的不断发展,传统工业设备融合了大量最新的电子信息技术,它们一起构成了庞大而复杂的系统,派生出大量新兴的电子信息技术应用需求。这些"系统级"的应用需求,迫切要求具有系统级设计能力的电子信息技术人才。

  (2)电子信息系统设备的功能越来越复杂,系统的集成度越来越高。因此,要求未来的设计者应该具备更扎实的理论基础知识和更宽广的专业视野。未来电子信息系统的设计越来越要求软件和硬件的协同规划、协同设计和协同调试。

  (3)新兴电子信息技术的发展依赖于半导体产业的不断推动,半导体厂商为设计者提供了越来越丰富的生态资源,系统集成厂商的全方位配合又加速了这种生态资源的进一步完善。半导体厂商和系统集成厂商所建立的这种生态系统,为未来的设计者提供了更加便捷却又必须依赖的设计资源。

  教育部 2012 年颁布了新版《高等学校本科专业目录》,将电子信息类专业进行了整合,为各高校建立系统化的人才培养体系,培养具有扎实理论基础和宽广专业技能的、兼顾"基础"和"系统"的高层次电子信息人才给出了指引。

  传统的电子信息学科专业课程体系呈现"自底向上"的特点,这种课程体系偏重对底层元器件的分析与设计,较少涉及系统级的集成与设计。近年来,国内很多高校对电子信息类专业课程体系进行了大力度的改革,这些改革顺应时代潮流,从系统集成的角度,更加科学合理地构建了课程体系。

  为了进一步提高普通高校电子信息类专业教育与教学质量,贯彻落实《国家中长期教育改革和发展规划纲要(2010—2020 年)》和《教育部关于全面提高高等教育质量若干意见》(教高【2012】4 号)的精神,教育部高等学校电子信息类专业教学指导委员会开展了"高等学校电子信息类专业课程体系"的立项研究工作,并于 2014 年 5 月启动了《高等学校电子信息类专业系列教材》(教育部高等学校电子信息类专业教学指导委员会规划教材)的建设工作。其目的是为了推进高等教育内涵式发展,提高教学水平,满足高等学校对电子信息类专业人才培养、教学改革与课程改革的需要。

  本系列教材定位于高等学校电子信息类专业的专业课程,适用于电子信息类的电子信息工程、电子科学与技术、通信工程、微电子科学与工程、光电信息科学与工程、信息工程及其相近专业。经过编审委员会与众多高校多次沟通,初步拟定分批次(2014—2017 年)建设约 100 门课程教材。本系列教材将力求在保证基础的前提下,突出技术的先进性和科学的前沿性,体现创新教学和工程实践教学;将重视系统集成思想在教学中的体现,鼓励推陈出新,采用"自顶向下"的方法编写教材;将注重反映优秀的教学改革成果,推广优秀的教学经验与理念。

为了保证本系列教材的科学性、系统性及编写质量,本系列教材设立顾问委员会及编审委员会。顾问委员会由教指委高级顾问、特约高级顾问和国家级教学名师担任,编审委员会由教育部高等学校电子信息类专业教学指导委员会委员和一线教学名师组成。同时,清华大学出版社为本系列教材配置优秀的编辑团队,力求高水准出版。本系列教材的建设,不仅有众多高校教师参与,也有大量知名的电子信息类企业支持。在此,谨向参与本系列教材策划、组织、编写与出版的广大教师、企业代表及出版人员致以诚挚的感谢,并殷切希望本系列教材在我国高等学校电子信息类专业人才培养与课程体系建设中发挥切实的作用。

吕志伟 教授

前 言
PREFACE

有史以来,人类就在幻想着制造一种与人相似的能独自动作的东西,一种能灵活地完成特定操作和运动任务,并可再编程序的多功能操作器。机器人的出现将人类的幻想慢慢变成现实。现代机器人有两个特点:一是有类似于人的肢体功能,可实现空间多自由度运动;二是具有思维学习能力,能灵活适应工作情况、条件的变化。机器人的发展与计算机的发展有密切关系,虽然 20 世纪 50 年代出现了现代机器人的原型,20 世纪 60 年代也有了实用的机器人,但其发展极其缓慢;直到 20 世纪 70 年代微型计算机出现后,机器人技术才得到蓬勃发展。

机器人的发展大致分为三个阶段:第一阶段为固定程序和遥控式机器人;第二阶段为可编程序和示教再现式机器人;第三阶段为智能机器人。机器人是离散型生产过程自动化的必然产物,特别是在危险、有害、单调、孤寂、狭小的环境下,由机器人完成工作显得更优越。应用较多的是用于各种制造业的产业机器人;服务业及家务劳动机器人应用于种植业、采掘业、建筑业等;军事机器人应用于军事上可完成排雷、流动哨兵、操纵武器等危险工作。

现在,机器人的应用越来越广泛,几乎渗透到社会各领域。全国高校陆续成立机器人研究中心,并通过与机器人相关企业的合作,研究、开发、生产机器人,致力于将其产业化并投入到市场应用中。美国麻省理工学院计算机科学和人工智能实验室主任布鲁克斯教授认为,若干年后,机器人在人们日常生活中的应用将会类似于今天的计算机。随着社会的发展,人们的生活将离不开机器人,我们的社会也将机器人化。当前大多数人了解并学习机器人的相关知识只是作为业余爱好,但在不久的将来这将会成为他们生活中的一部分。

本书围绕当今机器人技术的发展前沿和应用,从技术发展、研发思路、关键技术、应用方法等角度分以下 8 章予以介绍:绪论、机器人应用技术、机器人系统设计基础、智能车机器人本体设计、机器人视觉系统、机器人传感器技术、机器人系统仿真和机器人系统开发。书中在介绍相关技术的同时,以案例形式介绍了整个机器人系统的设计、分析、集成和应用方法,力求做到系统性、专业性和可读性相结合。本书适用于从事现代制造技术、控制技术等领域,对机器人技术感兴趣的工程技术人员,同时也可作为相关专业本、专科学生的参考书。

本书由赵建伟(E-mail:121149420@qq.com)主编,王洪燕、班钰、陈令坤、姚志广等人参编。它是关于机器人基础理论、关键技术、设计流程和工程应用等学术专题的专著,由作者在吸收和借鉴国内外相关学术理念的基础上,结合自身多年的研究经验及工作成果编著而成。在此特别感激对本书做出贡献的老师和学生们,以及美国国家仪器公司。本书的完成离不开他们提供的各种资料、心得和建议,特此致谢。

编著者

2017 年 1 月

目 录
CONTENTS

第 1 章

绪　　论

1.1　机器人的出现

20 世纪中期,机器人技术在工业中得到广泛应用并迅速发展。机器人学已发展为机械学、人工智能、自动控制工程、计算机科学、电子学、仿生学等多个学科的综合性科学,是当今世界科学技术发展最活跃的领域之一,代表了机电一体化的最高成就。未来的机器人将沿着智能化的方向继续发展。

1. 第一台工业机器人的产生

世界上第一台工业机器人的问世和机器人一词的出现都是近几十年的事。然而人类对机器人的追求和幻想却已有近千年的历史。人类希望制造一种像人一样灵动的机器,以便代替人类完成各种各样工作。

robot 一词源自捷克语 robota,意为"强迫劳动"。它存在的价值只是用来为人类服务,是一种只会埋头苦干的没有思想的机械。同时,它是一种类似于人的机器,所以把它称为机器人,"机器人"的名字也正是由此而诞生。

美国人德沃尔于 1946 年发明了一种可"重演"所记录机器运动的系统。1959 年,德沃尔获得了可编程机械手专利,该机械手臂可按先前编写的程序进行工作,可根据不同的工作需要编制不同的程序,因此具有灵活性和通用性。德沃尔一生致力于研究机器人,认为汽车工业最适于用机器人技术,因为它是用重型机器进行工作,而且生产过程较为固定,具有无可比拟的优势。1959 年,德沃尔制造出世界上第一台工业机器人,这标志着现代意义上机器人的历史真正拉开序幕。

机器人技术作为 20 世纪人类最伟大的发明之一,自 20 世纪 60 年代初问世以来,经历50 多年的发展已取得长足的进步。工业机器人在经历了诞生—成长—成熟期后,已成为制造业中不可或缺的核心装备,世界上约有 75 万台工业机器人正与工人朋友并肩战斗在各条战线上。特种机器人作为机器人家族的后起之秀,由于其广泛的用途而大有后来居上之势,仿人形机器人、医疗机器人、农业机器人、服务机器人、军用机器人、水下机器人、娱乐机器人等各种用途的特种机器人纷纷问世,它们正以飞快的速度向实用化和智能化方面迈进。

2. 机器人为什么会出现

人们常常会问为什么要发展机器人？我们说机器人的出现及高速发展是社会和经济发

展的必然,是为了提高整个社会的生产水平和人类的生活质量,让机器人替代人类从事那些危险而又必须去做的工作。在现实生活中有些工作会对人体造成伤害,如重物搬运、喷漆等;有些工作要求质量很高,人类难以长时间胜任,如精密装配、汽车焊接等;有些工作人类无法身临其境,如火山探险、空间探索、深海探密等;有些工作不适合人类做,如一些枯燥单调的重复性劳作、一些恶劣的环境等。在这些领域机器人可大显身手:服务机器人可以协助治病保健、保洁保安;水下机器人可以帮助铺设电缆、打捞沉船;工程机器人可以上山入地、开洞筑路;农业机器人可以施肥除虫、耕耘播种;军用机器人可以冲锋陷阵、排雷、投弹……

一些人对机器人有很多迷茫,有些人认为机器人什么都可以去做,可算得上是无所不能。这些人是从电影、小说、电视中认识机器人,他们眼中的机器人是神通广大的万能机器,当他们看到现实的机器人时,就会认为现实的机器人太普通,不能称之为机器人。有人认为机器人形状必须像人,不像人怎么能叫机器人,然而现实中绝大多数的机器人的样子不像人,这使很多机器人爱好者大失所望。还有人认为机器人上岗,工人就会下岗,无形中把机器人当成了竞争对手,却没有想到机器人会为人们做许多有益的事情,会推动产业的发展,给人类创造更多的就业机会。虽然人们对机器人的认识各有不同,但是机器人的发展却从未间断,一直是社会上的热门领域。随着社会的发展,机器人也会不断更新和完善,未来的机器人将会为社会和人类提供更多的服务和贡献。

1.1.1 机器人的发展

1. 中国古代机器人的发展进程

西周时期,我国的能工巧匠偃师就制造出了能歌善舞的伶人,这是我国最早记载的机器人。

春秋后期,我国著名的木匠鲁班,在机械方面也是一位发明家。据《墨经》记载,他曾经制造过一只木鸟,能在空中飞行"三日不下",体现了我国劳动人民的聪明智慧。

1700年前的汉代,大科学家张衡不仅发明了地动仪,而且发明了计里鼓车。计里鼓车每行一里,车上木人击鼓一下,每行十里击钟一下。

后汉三国时期,蜀国丞相诸葛亮成功地制造出了"木牛流马",并用其运送军粮,支援前方战争。

2. 国外机器人的发展进程

公元前2世纪,亚历山大时代的古希腊人发明了最原始的机器人——自动机。它是以水、蒸汽压力和空气为动力的会动的雕像,它可以自己开门,还可以借助蒸汽唱歌。

1662年,日本的竹田近江利用钟表技术发明了自动机器玩偶,并在大阪的道顿堀演出。

1738年,法国天才技师杰克·戴·瓦克逊为把生物的功能加以机械化而进行医学上的分析,发明了一只机器鸭,它会游泳、喝水、嘎嘎叫,还会进食和排泄。

在当时的自动玩偶设计者中,最杰出的要数瑞士的钟表匠杰克·道罗斯和他的儿子利·路易·道罗斯。1773年,他们推出了利用齿轮和发条原理而制成的自动演奏玩偶、自动书写玩偶等。这些玩偶结构巧妙、服装华丽,它们有的拿着鹅毛蘸墨水写字,有的拿着画笔和颜料绘画,在欧洲风靡一时。但由于当时技术条件的限制,这些玩偶最终也只是身高一米多的巨型玩具而已。现在保留下来的最早的机器人是瑞士努萨蒂尔历史博物馆里的少女玩偶,它制作于 200 年前,两只手的十个手指可以按动风琴的琴键从而弹奏音乐,现在还定期演奏供参观者欣赏,展示了古代人的智慧。

19 世纪中叶自动玩偶分为两个流派,即机械制作派和科学幻想派,它们各自在近代技术和文学艺术中找到了自己的位置。1831 年歌德发表了《浮士德》,塑造了人造人"荷蒙克鲁斯";1870 年霍夫曼出版了以自动玩偶为主角的作品《葛蓓莉娅》;1883 年科洛迪的《木偶奇遇记》问世;1886 年《未来夏娃》问世。在机械实物制造方面,1893 年摩尔制造了靠蒸汽驱动双腿沿着圆周走动的"蒸汽人"。

进入 20 世纪后,机器人的研究与开发得到了更多人的关注与支持,一些实用型机器人相继问世。1927 年美国西屋公司工程师温兹利制造出第一个机器人"电报箱",并在纽约举行的世界博览会上展出。它是一台装有无线电发报机的电动机器人,可以回答一些问题,但与现在的机器人相比它不能走动。1959 年第一台工业机器人(可编程、圆坐标)在美国诞生,开创了机器人发展的新纪元。

1.1.2　现代意义上的机器人

现代机器人的研究始于 20 世纪中期,其技术背景是计算机与自动化的发展,以及大能量原子能的开发利用。自 1946 年第一台数字电子计算机问世以来,计算机的发展取得了惊人的进步,逐步向大容量、高速度、低价格的方向发展。

大批量生产的迫切需求推动了自动化技术的进展,其结果之一便是 1952 年数控机床的问世。与数控机床相关的控制、机械零件的研究又为机器人的开发奠定了基础。图 1-1 所示为机器人汽车焊接生产线。

另外,原子能实验室的恶劣环境要求某些机械操作代替人类处理放射性物质。在这一需求背景下,美国原子能委员会的阿尔贡研究所于 1947 年开发了遥控机械手,1948 年又开发了机械式的主从机械手。

图 1-1　机器人汽车焊接生产线

1954 年美国的德沃尔最早提出了工业机器人的概念,并申请了专利。该专利的要点是借助伺服技术控制机器人的关节,利用人手对机器人进行动作示教,机器人能实现动作的记录和再现,即所谓的示教再现机器人。现有的机器人差不多都采用这种控制方式。

机器人产品最早的实用机型(示教再现)是 1962 年美国 AMF 公司推出的 VERSTRAN 和 UNIMATION 公司推出的 UNIMATE。这些工业机器人的控制方式和数控机床大致相似,但外形特征迥异,主要由类似人的手和臂组成。

1965 年,MIT 的 Roberts 演示了第一个具有视觉传感器、能识别与定位简单积木的机器人系统。

1967 年,日本成立了人工手研究会(现改名为仿生机构研究会),同年召开了日本首届机器人学术交流会。

1970 年,在美国召开了第一届国际工业机器人学术会议。此后,机器人的研究和发展得到迅速广泛的普及。

1973 年,辛辛那提·米拉克隆公司的理查德·豪恩制造了第一台由小型计算机控制的工业机器人,它由液压驱动,能提升的有效负载可达45kg。

到了1980年,工业机器人才真正在日本普及,故该年被称为"机器人元年"。随后,工业机器人在日本得到了巨大发展,日本也因此而赢得了"机器人王国的美称"。

随着计算机技术和人工智能技术的飞速发展,机器人在功能和技术层面上也有了很大的提高,移动机器人和机器人的视觉和触觉等技术就是典型的代表。由于这些技术的发展,推动了机器人概念的延伸。在20世纪80年代,人们将具有思考、感觉、决策和动作能力的系统称为智能机器人,这是一个概括的、含义广泛的概念。这一概念不但指导了机器人技术的研究和应用,而且赋予了机器人技术向深广发展的巨大空间。空中机器人、水下机器人、地面机器人、空间机器人、微小型机器人等各种用途的机器人相继问世。将机器人技术(如传感技术、智能技术、控制技术等)扩散和渗透到各个领域形成了各式各样的新机器——机器人化机器。当前与信息技术的交互和融合又产生了"网络机器人""软件机器人"等名称,这也说明了机器人领域所具有的创新活力。图1-2所示为自制潜水器。

图1-2　自制潜水器

1.2　机器人的定义、组成和特征

1.2.1　机器人的定义和组成

1. 机器人的定义

在科技界,科学家会给每一个科技术语一个明确的定义,但机器人问世几十年来定义仍然仁者见仁,智者见智,没有一个统一的答案。原因之一是机器人还在发展,新的功能、机型不断涌现。根本原因主要是因为机器人涉及人的概念,成为一个难以回答的哲学问题。也许正是由于机器人定义的模糊,才给了人们充分的想象和创造空间。

1967年在日本召开的第一届机器人学术会议上,提出了两个十分具有代表性的机器人定义。一是森政弘与合田周平提出的:"机器人是一种具有个体性、移动性、智能性、自动性、通用性、半机械半人性、奴隶性等7个特征的柔性机器"。从这一定义出发,森政弘又提出了用个体性、智能性、自动性、半机械半人性、作业性、信息性、通用性、有限性、柔、移动性等10个特性来表示机器人的形象。另一个是加藤一郎提出的具有如下三个条件的机器称为机器人:

(1) 具有脑、手、脚等三要素的个体。

(2) 具有平衡觉和固有觉的传感器。

(3) 具有非接触传感器(用眼、耳接收远方信息)和接触传感器。

该定义强调了机器人应当仿人的含义,即它由脑来完成统一指挥,靠手进行作业,靠脚实现移动的作用。平衡和固有的感觉则是指机器人感知本身状态所不可缺少的各类传感器。非接触传感器和接触传感器相当于人的五官,使机器人能够识别外界环境。

人或动物一般具有上述这些要素,所以把机器人理解为一种仿人机器的同时,也可把机器人理解为仿动物的机器。

1987年，国际标准化组织对工业机器人进行了定义："工业机器人是一种具有移动功能和自动控制的操作，能完成各种作业的可编程操作机。"

1988年，法国的埃斯皮奥把机器人定义为："机器人学是指设计能根据传感器信息实现预先规划好的作业系统，并以此系统的使用方法作为研究对象的一种学科。"

我国科学家对机器人的定义是："机器人是一种自动化的机器，所不同的是这种机器具备一些与人或生物相似的智能能力，如规划能力、感知能力、动作能力和协同能力，是一种具有高度灵活性的自动化机器。"

其实并不是人们不想给机器人一个完整的定义，自机器人诞生之日起人们就不断地尝试着说明到底什么是机器人。随着信息时代的到来和机器人技术的飞速发展，机器人所涵盖的内容越来越丰富，机器人的定义也在不断充实和创新。

2. 机器人的组成

1886年，法国著名作家利尔亚当在他的小说《未来夏娃》中将外表像人的机器起名为"安德罗丁"(android)，它由4部分组成：

(1) 生命系统（平衡、发声、身体摆动、步行、表情、感觉、调节运动等）。

(2) 造型解质（关节能自由运动的金属覆盖体，一种盔甲）。

(3) 人造肌肉（在上述盔甲上有性别、肉体、静脉等身体的各种形态）。

(4) 人造皮肤（含有肤色、头发、机理、视觉、轮廓、牙齿、手爪等）。

对不同任务和特殊环境的适应性是机器人与一般自动化装备的重要区别。这些机器人从外观上已经远远脱离了最初仿人型机器人和工业机器人所具有的形状，更符合各种不同应用领域的特殊要求，其功能和智能程度也大大增加，从而为机器人技术开辟出更加广阔的发展空间。

1.2.2 机器人的特征

"懒惰"的人促进了科技进步，正因为有这种人的存在，机器人的产生才能顺理成章。机器人有共性，几乎所有机器人都有一个可以移动的身体。它们有些拥有机动化的轮子，有些则拥有大量可移动的部件，这些部件一般是由塑料或金属制成，与人体骨骼类似，这些独立的部件可用关节连接起来。机器人的轮与轴通过某种传动装置连接起来，有些机器人使用马达和螺线管作为传动装置；另一些则使用气动系统（由压缩气体驱动的系统）；还有一些使用液压系统。另外，机器人还有一些其他共性。

1. 通用性

机器人的通用性是指执行不同任务的适应能力，即机器人可根据生产的需要进行几何结构的变更，从而适应不同的灵活性。现有大多数的机器人都具有不同程度的通用性，包括控制系统的灵活性和机械的机动性。

2. 适应性

机器人的适应性是指其对环境的适应能力，即所设计的机器人能够自我完成未经指定的任务，而不管任务执行过程中所没有预计到的环境变化。这一能力要求机器人可以记忆和感触周围环境，即具有人工知觉。在这方面通常使用机器人的下述能力去帮助机器人完成工作：

（1）分析任务空间和执行操作规划的能力。

（2）运用传感器感测环境的能力。

对于机械臂机器人来说，适应性一般指的是其程序模式能够适应工件尺寸和位置以及工作场地的变化。这里主要考虑两种适应性：

（1）点的适应性。它涉及机器人如何找到目标点的位置，如找到开始程序点的位置。

（2）曲线适应性。它涉及机器人如何利用由传感器得到的信息沿着曲线工作。曲线适应性包括形状适应性和速度适应性。

1.2.3　机器人的开发准则

1920 年，捷克作家卡雷尔·卡佩克发表了科幻剧本《罗萨姆的万能机器人》。在这个剧本中，卡佩克把捷克语奴隶 robota 写成了 robot。该剧预告了机器人的发展对人类社会会造成悲剧性的影响，引起了大家的广泛关注，被当成是机器人一词的起源。在该剧中，机器人按照主人的命令默默地工作，没有感觉和感情，以呆板的方式从事十分繁重的劳动。后来，罗萨姆公司取得了成功，使机器人具有了感情，导致机器人的应用部门迅速增加。在工厂和家务劳动中，机器人成了必不可少的成员。机器人发觉人类不公正并十分自私，终于造反了，由于机器人的体能和智能都非常优异，因此消灭了人类。但是机器人不知道如何制造它们自己，它们认为自己很快就会灭绝，所以开始寻找人类的幸存者，却没有结果。最后，一对具有感知能力并且优于其他机器人的男女机器人相爱了，这时机器人进化为人类，世界又重新起死回生。

卡佩克提出的是机器人的感知、安全和自我繁殖问题。科学技术的进步很可能引发人类不希望出现的许多问题。虽然科幻世界只是一种想象，但人类社会将可能面临这种现实。为了防止机器人伤害人类，科幻作家阿西莫夫于 1940 年提出了"机器人三原则"：

（1）机器人不应伤害人类。

（2）机器人应遵守人类的命令，与第一条违背的命令除外。

（3）机器人应能保护自己，与第一条相抵触者除外。

以上三点是给机器人赋予的伦理性纲领，也被机器人学术界一直视为机器人开发的准则。

在研究和开发未知环境下作业的机器人的过程中，人们逐步认识到机器人技术的本质是感知、决策、交互技术和行动的结合。随着人们对机器人技术智能化本质认识的加深，机器人技术开始不断地向人类活动的各个领域渗透。结合这些领域的应用特点，人们发展了各式各样的具有感知、决策、交互技术和行动的特种机器人和智能机器，如微机器人、移动机器人、医疗机器人、水下机器人、军用机器人、空中空间机器人、娱乐机器人等。

1.3　国内外机器人的发展

机器人技术的发展，应该说是科学技术共同发展的综合性的结果，同时，也是对社会经济发展起到重大影响的一门科学技术，它的发展归功于第二次世界大战后各国为加强本国的经济发展，加大了机器人行业的资金投入。

根据机器人的三个发展阶段,习惯于把机器人分成三类。一类是第一代机器人,也叫示教再现型机器人,它是通过一台计算机来控制一个多自由度的机械,通过示教存储程序和信息,工作时把信息读取出来,然后发出指令,这样机器人可以重复地根据人当时示教的结果,再现出这种动作。例如汽车的点焊机器人,只要把这个点焊的过程示教以后,它总是重复这样一种工作,对于外界的环境没有感知,对于操作力的大小,焊的好与坏,工件存在不存在,它无法获知,因此第一代机器人存在一些无法自修正的缺陷。

20世纪70年代后期,人们开始研究第二代机器人,即"带感觉"的机器人。这种"带感觉"的机器人是类似人在某种功能方面的感觉,例如,力觉、触觉、视觉、滑觉、听觉等。当机器人抓一个物体的时候,它实际上能感觉出力的大小,能够通过视觉去感受和识别物体的大小、形状、颜色,例如抓一个鸡蛋,它能通过触觉知道其力的大小和滑动的情况。

第三代机器人,即机器人学中所追求的一个理想的最高级阶段,叫作智能机器人。这种智能机器人只要告诉它做什么,不用具体去告诉它怎么做,它就能完成某些特定的运动。感知思维和人机交互的这种功能目前的发展还是相对的,只是在局部有这种智能的概念和含义,但这种智能机器人实际上并不存在,随着科学技术的不断发展,智能的概念越来越丰富,内涵也越来越宽。

1.3.1 国外机器人的发展

1. 美国的机器人概况

美国是机器人的诞生地。世界上第一台机器人诞生在美国,世界上最早使用机器人的也是美国。1961年,美国通用汽车公司和 Chrysler 公司最先购买了第一批商业化生产的机器人系统,开创了机器人用于汽车工业的先河。1971年,通用汽车公司又第一次用机器人进行点焊。经过50多年的发展,美国现已成为世界机器人强国之一,基础雄厚,技术先进。

纵观美国机器人发展,其道路是曲折、不平坦的。美国政府从20世纪60年代到70年代中的十几年期间并没有把工业机器人列入重点发展项目,只是在几所大学和少数公司开展了一些研究工作。对于企业来说,在只看到眼前利益,政府又无财政支持的情况下,宁愿错过良机固守在使用刚性的自动化装置上,也不愿冒着风险去研究或制造机器人。加上当时美国失业率高达65%,政府担心发展机器人会造成更多人失业,因此不予投资也不组织研制机器人,这不得不说是美国政府的战略性质的决策失误。70年代后期美国政府和企业界虽然有所重视,但在技术路线上仍把重点放在研究机器人软件及军事、海洋、宇宙、核工程等特殊领域的高级机器人的开发上,致使日本的工业机器人后来居上,并在工业生产的应用上及机器人制造业上很快超过了美国,在国际市场上形成了较强的竞争力。

进入80年代之后美国才察觉到形势紧迫,政府和企业界才对机器人真正重视起来,政策上也有所体现。一方面鼓励工业界研究和应用机器人,另一方面制定计划,提高投资,增加机器人的研究经费,把机器人看成美国再次工业化的特征,使美国的机器人迅速发展。80年代中后期,随着各大厂家应用机器人技术的日臻成熟,第一代机器人的技术性能越来越不能满足实际需要。美国开始生产带有视觉、力觉的第二代机器人,并很快占领了美国60%的机器人市场。图1-3所示是一些具有代表性的美国机器人。

(a) 美国火星机器人

(b) 美国运送物资机器人

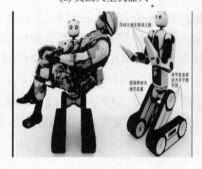

(c) 美国救援机器人

(d) 美国纳米机器人

图 1-3　典型的美国机器人

尽管美国在机器人发展史上走过一条重视理论研究忽视应用研究的曲折道路,但是美国机器人技术在国际上仍处于领先地位。其技术全面、先进,适应性强,具体表现在:

(1) 功能全面、性能可靠、精确度高。

(2) 机器人语言研究发展较快、应用广、语言类型多、水平高居世界之首。

(3) 智能技术发展快,其触觉、视觉等人工智能技术已在航天、汽车工业中广泛应用。

(4) 高难度、高智能的军用机器人、太空机器人等发展迅速,主要用于扫雷、侦察、布雷、站岗及太空探测方面。

2. 日本的机器人概况

日本在 20 世纪 60 年代末正处于经济高度发展时期,年增长率达 11%。第二次世界大战后,日本劳动力本来就紧张,而高速度发展的经济更加剧了劳动力严重不足的困难。为此日本在 1967 年由川崎重工业公司从美国 Unimation 公司引进机器人及其技术,建立起生产车间并于 1968 年试制出第一台川崎"尤尼曼特"机器人。

正是由于日本当时劳动力显著不足,机器人在企业里受到了"救世主"般的欢迎。日本政府一方面在经济上采取了积极的扶植政策鼓励发展和推广应用机器人,从而更进一步地激发了企业家从事机器人产业的积极性。另一方面,由国家出资对小企业进行应用机器人的专门知识和技术的指导等。这一系列扶植政策使日本机器人产业迅速发展起来,经过短短十几年到 80 年代中期一跃成为"机器人王国",其机器人的产量和安装在国际上跃居首位。按照日本产业机器人工业会常务理事米本完二的说法,"日本机器人的发展经过了60 年代的摇篮期、70 年代的实用期到 80 年代的普及提高期"。日本正式把 1980 年定为"产业机器人的普及元年",开始在各个领域内广泛推广使用机器人。图 1-4 所示是日本机器人的几个代表作品。

(a) 日本服务机器人   (b) 日本仿真机器人

图 1-4 日本机器人

日本劳动力资源短缺,所以日本政府和企业充分信任机器人并大胆使用机器人,而机器人也没有辜负人们的期望,它在日本提高生产率、克服劳动力不足、改进产品质量和降低生产成本这些方面发挥着越来越显著的作用,成为日本保持产品竞争能力和经济增长速度的一支不可缺少的强劲队伍。日本在汽车、电子行业大量使用机器人,使日本汽车及电子产品的产量迅猛增加、质量日益提高,从而制造成本则大为降低。最终使日本生产的汽车能够以价廉的绝对优势进军号称"汽车王国"的美国市场,并且向机器人诞生国出口日本生产的实用型机器人。此时日本物美价廉的家用电器产品也充斥着美国市场,这使"山姆大叔"后悔不已。日本由于制造、使用机器人大大增强了国力,获得了巨大的好处,迫使美、英、法等许多国家不得不采取措施奋起直追。

日本川崎重工业公司于 1968 年从美国恩格尔公司获得了机器人专利,开始在日本研制机器人,只用了一年多的时间,该公司便生产出第一批有实用价值的机器人(如图 1-5 所示)。机器人在日本起步虽比美国稍晚,但后来居上,它正以比美国快两倍的速度推广机器人的应用,它所生产和安装的机器人数量已远远超过美国,被誉为一号"机器人王国"。

图 1-5 日本川崎重工业公司机器人

3. 德国的机器人概况

德国工业机器人(如图 1-6 所示)的总数占世界第三位,仅次于美国和日本。这里所说的德国主要是指原联邦德国,它比英国和瑞典引进机器人大约晚了五六年,之所以如此,是因为德国的机器人工业一起步就遇到了国内经济不景气。但是德国的劳动力短缺以及国民技术水平高等社会环境却有利于机器人工业的发展,也是实现使用机器人的有利条件。到了 20 世纪 70 年代中后期,政府采用行政手段为机器人的推广开辟道路。在《改善劳动条件计划》中规定:对于一些有毒、有危险、有害的工作岗位必须以机器人代替普通人的劳动。这个计划为机器人的应用发展开拓了广泛的市场,并推动了工业机器人技术的发展。

日尔曼民族是一个重实际的民族,他们始终坚持技术应用和社会需求相结合的原则。除了像大多数国家一样将机器人主要应用在汽车工业之外,突出的一点是德国在纺织工业中,用现代化生产技术改造原有企业报废了的旧机器,购买了电子计算机、机器人和现代化自动设备,使纺织工业质量提高、成本下降、产品的花色品种更加适销对路。到 1984 年终于使这一被喻为"快完蛋的行业"重新振兴起来。与此同时,德国看到了机器人等先进自动化技术对工业生产的作用,提出了 1985 年以后要向高级的、能感觉的智能型机器人转移的目标。经过十几年的努力,其智能机器人的研究和应用方面在世界上处于公认的领先地位。

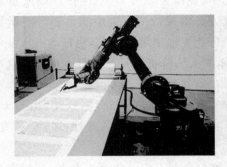

图 1-6   德国机器人

4. 前苏联的机器人概况

前苏联发展机器人的方向主要有两个:一是在技术水平高、操作使用条件成熟的专业化生产部门使用机器人;二是优先发展经济效益较高的生产部门和直接影响工人健康的场所。苏联解体以前已开始研制带有控制器(以微型计算机为基础)的更昂贵和复杂的工业机器人,还通过原经互会国家,采取协作和专业化形式加速工业机器人的生产。

1.3.2   国内机器人的发展

有人认为,应用机器人只是为了节省劳动力,而我国的劳动力资源丰富,发展机器人不一定能解决我国实际问题,社会主义制度的优越性决定了机器人不能够充分符合我国国情,其实这是一种误解。在我国,机器人能够充分发挥其长处为我国的经济建设带来高度的生产力和巨大的经济效益,而且将为我国的海洋开发、宇宙开发、核能利用等新兴领域的发展做出卓越的贡献。我国机器人学研究虽然起步较晚,但进步较快,已经在智能机器人、特种机器人和工业机器人等各个方面有了明显的成就,为我国机器人学的发展打下了坚实的基础。我国工业机器人起步于 20 世纪 70 年代,经过 30 多年的发展,大致可分为四个阶段: 20 世纪 70 年代的萌芽期,20 世纪 80 年代的开发期,20 世纪 90 年代的实用期,21 世纪 10

年代的全面发展期(如图 1-7 所示)。

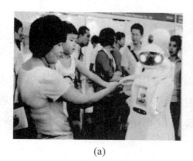

(a)   (b)

图 1-7 中国的服务机器人

由于我国存在诸多阻碍性的因素与问题,对于机器人的研究,直到 20 世纪 70 年代后期才开始,当时我国在北京举办了一个日本的工业自动化产品展览会,在这个展览会上有两个产品:一个是数控机床,另一个是工业机器人。我国的许多学者看到了这样一个方向,开始进行机器人研究,但是这时候的研究,基本上还局限于理论的探讨阶段。

我国真正进行机器人的研究是在"七五"之后。发展最迅速的时候是 1986 年我国成立了 863 计划,这是高技术发展计划,将机器人技术作为一个重要的发展主题,国家投入近几亿元的资金开始进行机器人研究,使得我国在机器人这一领域得到迅速的发展。机器人虽已步入而立之年,但机器人的大发展,却是在 1980 年以后才开始的,因此有人将这一年称为"机器人之年"。30 多年来,机器人已经历了第一代示教再现型机器人,并发展到第二代感觉型机器人,正进入第三代智能机器人。

我国已在"七五"计划中把机器人列入国家重点科研规划内容,拨巨款在沈阳建立了全国第一个机器人研究示范工程,全面展开了机器人基础理论与基础元器件研究。十几年来,相继研制出示教再现型的搬运、喷漆、点焊、弧焊、装配等门类齐全的工业机器人及水下作业、军用和特种机器人。目前,示教再现型机器人技术已基本成熟,并在工厂中推广应用。我国自行生产的机器人喷漆流水线在东风汽车厂及长春第一汽车厂投入运行(如图 1-8 所示)。

图 1-8 工业化的机器人

1.4 各种典型的机器人

1.4.1 军用机器人

1958 年,美国阿拉贡试验室推出世界第一个现代实用机器人——仆从机器人。这是一个装在四轮小车上的遥控机器人,其精彩的操控表演,曾在第二届和平利用原子能大会上引起与会科学家的极大兴趣。此后,法、英、意大利等国也相继开展实用机器人的研究,并先后推出了各自研制的机器人。

到了 20 世纪 60 年代中期,电子技术有了重大突破,一种以小型电子计算机代替存储器控制的机器人出现之后,美、苏等国又先后研制出"危险环境工作机器人""军用航天机器人""无人驾驶侦察机"等。随后,机器人的战场应用也取得突破性进展,形成了一种用于军事领域的具有某种仿人功能的自动机械——即军用机器人。

进入 20 世纪 70 年代,特别是到了 20 世纪 80 年代,由于人工智能技术的发展,各种传感器的开发使用,一种以微电脑为基础,以各种传感器为神经网络的智能机器人出现。这代机器人耳聪目明,四肢俱全,智力也有了较大的提高。它们不仅能从事繁重的体力劳动,而且有一定的思维、分析和判断能力,能更多地模仿人类的功能,从事较复杂的脑力劳动。典型的军用机器人如图 1-9 所示。

(a) 美国军用机器人

(b) 国产军用机器人

图 1-9 典型的军用机器人

1.4.2 工业机器人

工业机器人是面向工业领域的多关节机械手或多自由度的机器装置,它能自动执行工作,是靠自身动力和控制能力来实现各种功能的一种机器。它可以接受人类的指挥,也可以按照预先编排的程序运行,现代的工业机器人还可以根据人工智能技术制定的原则纲领行动。

德沃尔在 1954 年(1961 年授予)申请了第一个机器人的专利。1958 年,恩格尔伯格利用德沃尔所授权的专利技术创建了 Unimation 公司,于 1959 年研制出了世界上第一台工业机器人。Unimation 机器人也被称为可编程移机,因为一开始他们的主要用途是从一个点传递对象到另一个,不到十英尺左右分开。他们用液压执行机构,并编入关节坐标,即在一个教学阶段进行存储和回放操作中的各关节的角度,这些角度的精度可以精确到 1 英寸的 1/10000。20 世纪 70 年代后期,日本的几个大财团开始生产类似的工业机器人。

工业机器人在欧洲发展相当快,ABB 机器人和库卡机器人陆续走进机器人市场,1973 年 ABB 机器人(原 ASEA)推出 IRB_6,它是世界上首位市售全电动微型处理器控制的机器人。前两个 IRB_6 机器人被出售给瑞典的马格努森,用于研磨和抛光管弯曲。1973 年,库卡机器人公司研发了名为 FAMULUS 的第一台工业机器人。它是全球第一台六轴电动机驱动的工业机器人,如图 1-10 所示。

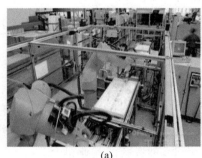
(a)

(b)

图 1-10　工业机器人

1.4.3　服务机器人

服务机器人是为人类服务的特种机器人,是能够代替人完成家庭服务工作的机器人,它包括感知装置、行进装置、接收装置、控制装置、发送装置、执行装置、存储装置、交互装置等。

服务机器人是机器人家族中的一个年轻成员,可以分为专业领域服务机器人和个人/家庭服务机器人。服务机器人的应用范围很广,主要从事维护保养、修理、清洗、运输、救援、保安、监护等工作。

数据显示,目前世界上至少有 48 个国家在发展机器人,其中 25 个国家已涉足服务型机器人开发。在北美、日本和欧洲,迄今已有 7 种类型 40 余款服务机器人进入实验和半商业化应用。

近年来,全球服务机器人市场保持较快的增长速度。根据国际机器人联盟的数据,2010 年全球专业领域服务机器人销量达 13741 台,同比增长 4%,销售额为 320 亿美元,同比增长 15%;个人/家庭服务机器人销量为 220 万台,同比增长 35%,销售额为 5.38 亿美元,同比增长 39%。

　　另外,全球人口的老龄化带来大量的问题,例如对于老龄人的看护、医疗问题等,这些问题的解决带来大量的财政负担。由于服务机器人所具有的特点使之能够显著地降低财政负担,因而服务机器人能够被大量应用。

　　我国在服务机器人领域的研发起步较晚。在国家 863 计划的支持下,我国在服务机器人研究和产品研发方面已开展了大量工作,并取得了一定的成绩,如哈尔滨工业大学研制的迎宾机器人、导游机器人、清扫机器人等;华南理工大学研制的机器人护理床;中国科学院自动化研究所研制的智能轮椅等。服务机器人如图 1-11 所示。

(a)　　　　　　　　　　　　　　(b)

图 1-11　服务机器人

1.4.4　仿生机器人

　　"仿生机器人"是指模仿生物、从事生物特点工作的机器人。目前在西方国家,机械宠物十分流行,另外,仿麻雀机器人可以担任环境监测的任务,具有广阔的开发前景。21 世纪人类将进入老龄化社会,发展"仿人机器人"能够弥补年轻劳动力的严重不足,解决老龄化社会的医疗和家庭服务等社会问题,并能开辟新的产业,创造新的就业机会。

　　在机器人向智能机器人发展的过程中,有人提出"反对机器人必须先会思考才能做事"的观点,他们认为用许多简单的机器人也可以完成复杂的任务。20 世纪 90 年代初,美国麻省理工学院的教授布鲁克斯在学生的帮助下,制造出一批蚊型机器人,取名昆虫机器人。这些东西的习惯和蟑螂十分相近,它们不会思考,只能按照人编制的程序动作。

　　日本和俄罗斯制造了一种电子机器蟹,它能进行深海控测、采集岩样、捕捉海底生物、进行海下电焊等作业;几年前,科技工作者为圣地亚哥市动物园制造电子机器鸟,它能模仿母兀鹰,准时给小兀鹰喂食;美国研制出一条长 1.32m,由 2843 个零件组成的名叫查理的机器金枪鱼。它通过摆动躯体和尾巴像真鱼一样游动,速度为 7.2km/h。利用它可以在海下连续工作数个月测绘海洋地图和检测水下污染,因为它模仿金枪鱼惟妙惟肖,所以也可以用它来拍摄生物。现在美国科学家正在设计金枪鱼潜艇,其实质就是金枪鱼机器人,它是迄今为止速度最快的水下运载器,是名副其实的水下游动机器。它的灵活性要远远高于现有的潜艇,几乎可以到达水下任何区域,由人遥控,它可轻而易举地进入海底深处的洞穴和海沟,或悄悄地溜进敌方的港口,进行侦察而不被发觉。作为军用侦察和科学探索工具,其发展和应用的前景十分广阔。仿生机器人如图 1-12 所示。

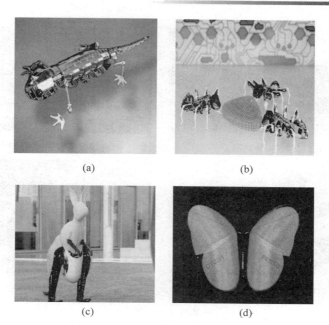

(a)   (b)

(c)   (d)

图 1-12　仿生机器人

1.4.5　其他机器人

除上述几类机器人外,还有其他特种机器人,例如能帮助人们打理生活,做简单家务的家务型机器人;能自动控制,多功能,可重复编程,可固定或运动,有几个自由度,用于相关自动化系统中的操作型机器人;能够按预先要求的顺序及条件,依次控制机器人的机械动作的程控型机器人;在大型灾难后,能进入人进入不了的废墟中,用红外线扫描废墟中的景象,把信息传送给在外面的搜救人员的搜救类机器人。

一些示教机器人不用机器人动作,通过数值、语言等对机器人进行示教,再根据示教后的信息进行作业的数控型机器人;通过引导或其他方式,先教会机器人动作,输入工作程序,机器人则自动重复进行作业的示教再现型机器人;它能"体会"工作的经验,具有一定的学习功能,并将所"学"的经验用于工作中的智能学习控制型机器人;利用传感器获取的信息,控制机器人的动作、感觉的控制型机器人能适应环境的变化,控制其自身行动的适应控制型机器人。

图 1-13 所示是由中国矿业大学(北京)矿山机器人中心开发的机器人。

(a) 六轮月球探测车　　　　　　　　(b) 智能助老服务机器人

图 1-13　中国矿业大学(北京)矿山机器人中心机器人

(c) 履带式巡检机器人

(d) 薄煤层履带式巡检机器人

(e) 井下智能防爆机器人

(f) 矿井移动机器人

图 1-13 （续）

1.5 机器人带来的影响

机器人是 20 世纪人类最伟大的发明之一。机器人已在工业领域得到了广泛的应用,而且正以惊人的速度向服务、军事、医疗、娱乐等非工业领域扩展。在计算机技术和人工智能科学发展的基础上,产生了"智能机器人"的概念。智能机器人是具有感知、思维和行动功能的机器,是自动控制、机构学、计算机、人工智能、光学、通信技术、微电子学、传感技术、仿生学等多种学科和技术的综合成果。智能机器人可获取、处理和识别多种信息,自主地完成较为复杂的操作任务,比一般的工业机器人具有更大的机动性、灵活性和更广泛的应用领域。在核工业、空间、农业、水下、工程机械(地上和地下)、医用、救灾、建筑、排险、军事、服务、娱乐等方面,可代替人完成各种工作。同时,智能机器人作为自动化、信息化的装置与设备,完全可以进入网络世界发挥更多、更大的作用。

1. 改善人类知识

在重新阐述历史知识的过程中,哲学家、科学家和人工智能学家有机会努力解决知识的模糊性以及消除知识的不一致性。这种努力的结果,可能改善某些知识,以便能够比较容易地推断出令人感兴趣的新真理。

2. 改善人类语言

根据语言学的观点,语言是思维的表现和工具,思维规律可用语言学方法加以研究,但人的下意识和潜意识往往"只能意会,不可言传"。由于采用人工智能技术,综合应用语义、语法和形式知识表示方法,有可能在改善知识的自然语言表示的同时,把知识阐述为适用的人工智能形式。随着人工智能原理日益广泛的传播,人们可能应用人工智能的概念来描述他们生活中的日常状态和求解各种问题的过程。人工智能能够扩大人们交流知识的概念集合,为我们提供一定状况下可供选择的概念,描述我们所见所闻的方法以及描述我们的信念的新方法。

3. 改善文化生活

人工智能技术为人类文化生活打开了许多新的窗口。例如,图像处理技术必将对广告、图形艺术和社会教育部门产生深远的影响,现有的智力游戏机将发展为具有更高智能的文化娱乐手段。

综上分析可以知道,人工智能技术对人类的经济发展、社会进步和文化提高都有巨大的影响。随着时间的推进和技术的进步,这种影响将越来越明显地表现出来。还有一些影响可能现在难以预测。但可以肯定的是,人工智能将对人类的物质文明和精神文明产生越来越大的影响。

1.6　机器人展望

根据权威机构预测,机器人是未来影响人类工作与生活的关键技术之一。其中,用于医疗方面的机器人和用于增加生产能力的工业机器人将会产生巨大的影响。特别是在缓解劳动力不足等问题上,工业机器人发挥的作用越来越大。

机器人未来必将向拟人化、智能化发展。机器人技术自20世纪中叶问世以来,经历了各方面极为重要的战略和高技术发展。目前,机器人关键技术日臻成熟,应用范围迅速扩展,作为自动控制、计算机、传感器、先进制造等领域技术集成的典型代表,面临巨大产业发展机会。国内外业界专家预测,智能机器人将是21世纪高科技产业新的增长方向。根据世界未来学预测,世界上将出现十大变化,其中一大变化是智能机器人将大量出现,今后50年内,这种机器人将十分普及,智能机器人已成为各国高技术发展规划的热点。对于未来意识化智能机器人可能的几大发展趋势,概括性地分析如下:

1. 语言交流功能越来越完美

智能机器人既然已经被赋予"人"的特殊定义,那当然需要有比较完美的语言功能,这样就能与人类进行一定的,甚至完美的语言交流,所以机器人语言功能的完善是一个非常重要的环节。未来智能机器人的语言交流功能会越来越完美化,这是一个必然的趋势,在人类的完美设计程序下,它们能轻松地掌握多个国家的语言,远高于人类的学习能力。另外,机器人还能进行自我的语言词汇重组能力。当人类与之交流时,若遇到其语言包中的程序没有的词汇或语句时,可以自动地用相关的或相近意思词组,按句子的结构重组成一句新句子来回答,这也类似于人类的学习能力和逻辑能力,是一种意识化的表现。

2. 各种动作的完美化

机器人的动作是相对于模仿人类动作来说的,人类能做的动作极其多样化,握手、招手、跑、跳、走都是人类的惯用动作。现代智能机器人虽能模仿人的部分动作,不过却有点僵化,或是比较缓慢。未来机器人将以更灵活的类似于人类的关节和仿真肌肉,使其动作更像人类地模仿人的所有动作,甚至做得更有形也将成为可能。

3. 外形越来越酷似人类

科学家们研制越来越高级的智能机器人,主要是以人类自身形体为参照对象。有一个很仿真的人形外表是首要前提,在这一方面日本应该是相对领先的,国内也有非常优秀的实例。当几近完美的人造头发、人造皮肤、人造五官等恰到好处地遮盖于金属内在的机器人身上时,站在那里还配以人类的完美化正统手势,这样从远处乍一看,还真的会误以为是一个大活人。当走近细看时,才发现原来只是个机器人。对于未来机器人,仿真程度很有可能达到即使你近在咫尺细看它的外在,也只会把它当成人类,很难分辨是机器人,这种状况就如美国科幻大片《终结者》中的机器人物造型具有极致完美的人类外表。

4. 逻辑分析能力越来越强

为了智能机器人完美化模仿人类,科学家会不断地赋予它许多逻辑分析程序功能,这也相当于是智能的表现。例如,自行重组相应词汇成新的句子是逻辑能力的完美表现形式,另外若自身能量不足,它还可以自行充电,而不需要主人帮助,这也是一种意识表现。总之,逻辑分析有助于机器人自身完成许多工作,在不需要人类帮助的同时,还可以尽量地帮助人类完成一些任务,甚至比较复杂的任务。从一定层面上讲,机器人有较强的逻辑分析能力是利大于弊。

5. 具备越来越多样化功能

人类制造机器人的目的是为人类服务,所以就会尽可能地把它多功能化,例如在家庭中,机器人可以成为保姆,会吸尘、扫地,可以做谈天的朋友,还可以看护小孩。到外面时,机器人可以帮你搬一些重物,或提一些东西,甚至还能当你的私人保镖。另外,未来高级智能机器人还会具备多样化的变形功能,如从人形状态变成一辆豪华的汽车,这似乎是真正意义上的变形金刚,它可以载着人们到他们想去的任何地方。这些理想的设想,在未来都有可能实现。

机器人的产生是社会科学技术发展的必然阶段,是社会经济发展到一定程度的产物,在经历了从初级到现在的成长过程后,随着科学技术的进一步发展及各种技术进一步的相互融合,我们相信机器人技术的前景将更加光明。

智能小车作为现代的新发明,是以后的发展方向。它可以按照预先设定的模式在一个环境里自动地运作,不需要人为的管理,还可应用于科学勘探等。智能小车具有能够实时显示时间、里程、速度,自动寻光、寻迹和避障,以及控制行驶速度、准确定位停车、远程传输图像等功能。随着汽车工业的迅速发展,关于汽车的研究越来越受到关注。全国电子大赛和省内电子大赛几乎每次都有智能小车这方面的题目,全国各高校也都很重视该题目的研究,可见其研究意义很大。

第 2 章

机器人应用技术

机器人的出现使人从传统的生产和生活模式(人—环境)逐步过渡到一种新的模式(人—机器—环境),并把人从生产和生活中的劳苦岗位中解放出来,逐渐成为自动化生产和生活的组织者与领导者。机器人正活跃在越来越广泛的领域中,其应用领域包括工业生产、医疗、海空探索、康复、军事和家庭等。由于机器人为数众多,且越来越多的工业机器人被用来代替工人从事各种体力劳动和部分脑力劳动,它们已经成为人类的得力助手,对人类生活产生了巨大的影响。

2.1 机器人控制技术

机器人控制技术(robot control technology)采用各种控制手段使机器人完成各种动作和任务。它主要有运动控制和伺服控制等。控制技术经历了三个发展阶段:经典控制、现代控制及智能控制。

2.1.1 机器人开环控制

1. 开环控制的定义

控制装置与被控对象之间只有按顺序工作,没有反向联系的控制过程,按这种方式组成的系统称为开环控制系统(如图 2-1 所示),其特点是系统的输出量不会对系统的控制作用发生影响,控制系统没有自动修正或补偿的能力。由于开环控制没有反馈环节,所以系统的稳定性不高,而且精确度也不是很高,只能用于那些对系统稳定性、精确度要求不高的相对简单的系统。

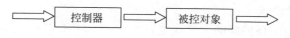

图 2-1 开环控制系统方案图

利用被动行走原理来控制主动机器人,为实现高效和稳定的多种步态提供了一种切实可行的方法,这是典型的机器人开环控制案例。

2. 开环控制的优点与缺点

开环控制的优点:

（1）结构简单；

（2）成本低。

开环控制的缺点：

（1）因为没有反馈，所以控制精度较低；

（2）不能检测误差，也不能较正误差，所以抑制干扰能力差。

2.1.2 机器人闭环控制

1. 闭环控制的定义

闭环控制系统又称反馈控制系统，它通过反馈建立起输入和输出的联系，使控制器可以根据输入与输出的实际情况来决定控制策略，以便达到预定的系统功能。反馈是控制论中最重要的基本概念之一，它的特点是根据过去的情况来调整未来的行为。

典型的工业机器人闭环控制系统的工作原理：由控制系统发出的"位置"指令输送到比较器，与装在终端机具上的传感器（测速发电机、光电编码器、旋转变压器、高精度电位计、接近传感器、力传感器、压力传感器、滑动传感器、接触传感器等）传送来的机器人实际状态的反馈信号进行比较，得到位置误差值并将其放大，驱动伺服电动机来使机器人控制某一环节作相应的运动；机器人新的运动状态经检测再次送到比较器进行比较，新产生的误差信号继续调整控制机器人的运动；该过程一直持续到误差信息为零为止。

根据在系统中的作用与特点不同，反馈可以分为负反馈和正反馈两种。负反馈的反馈信号与输入信号极性相反或变化方向相反（反相），则叠加的结果将使净输入信号减弱；正反馈的反馈信号与输入信号极性相同或变化方向同相，则两种信号混合的结果将使放大器的净输入信号大于输出信号。负反馈使输出起到与输入相反的作用，使系统输出与系统目标的误差减小，系统趋于稳定；正反馈使输出起到与输入相似的作用，使系统偏差不断增大，使系统振荡，可以起到放大控制作用。正反馈主要用于信号产生电路。自动控制系统通常采用负反馈技术以稳定系统的工作状态。图 2-2 所示是典型的闭环控制结构图。

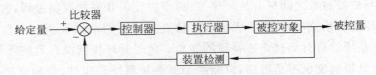

图 2-2　典型的闭环控制结构图

2. 闭环控制的优缺点

和开环控制比较，闭环控制的主要优点：

（1）由于存在反馈，当内外有干扰导致输出的实际值偏离给定值时，控制作用将减少这一偏差，因而闭环控制精度较高；

（2）闭环控制有助于提高系统的稳定性，从而提高生产效率和品质。

和开环控制比较，闭环控制的主要缺点：

（1）增加了系统的复杂性；

（2）由于存在反馈，若系统中的元件有惯性、有延时等，以及与系统配合不当时，将引起系统振荡,不能稳定工作。

2.1.3 机器人 PID 控制

1. PID 控制的定义

PID 控制是比例、积分、微分(proportional integral differential)控制的简称,由比例单元 P、积分单元 I 和微分单元 D 组成,如图 2-3 所示。PID 是以三种纠正算法命名,这三种算法都是用加法调整被控制的数值。而实际上,这些加法运算大部分变成了减法运算,因为被加数总是负值。PID 控制器的原理是将偏差(设定值与实际输出值的差)的比例、积分和微分通过线性组合构成控制量,对被控对象进行控制。通过改变 K_p、K_i 和 K_d 3 个参数的设定,使系统达到稳定的要求。PID 控制器主要适用于基本线性和动态特性不随时间变化的系统。

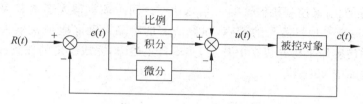

图 2-3　PID 控制结构图

PID 控制器是一个在工业控制应用中常见的反馈回路部件。这个控制器把收集到的数据和一个参考值进行比较,然后把这个差别用于计算新的输入值,这个新的输入值的目的是可以让系统的数据达到或者保持在参考值。和其他简单的控制运算不同,PID 控制器可以根据历史数据和差别的出现率来调整输入值,这样可以使系统更加准确,更加稳定。

2. PID 控制的三种算法

(1) 比例——控制当前。比例控制,也称比例增益。误差值和一个负常数 P(表示比例)相乘,然后和预定的值相加。P 只是在控制器的输出和系统的误差成比例的时候成立。这种控制器输出的变化与输入控制器的偏差成比例关系。比例作用大,可以加快调节,减小误差,但是比例过大会使系统的稳定性下降,甚至造成系统的不稳定。例如,一个电热器的控制器的比例尺范围是 10℃,它的预定值是 20℃。那么它在 10℃ 的时候会输出 100%,在 15℃ 的时候会输出 50%,在 19℃ 的时候会输出 10%。注意,在误差是 0 的时候,控制器的输出也是 0。

(2) 积分——控制过去。误差值是过去一段时间的误差和,再乘以一个负常数 I,然后和预定值相加。从过去的平均误差值的基础上调整系统的输出结果和预定值的平均误差。一个简单的比例系统会振荡,会在之前预定值的附近来回变化,就是因为系统无法消除多余的纠正。所以,如果通过加上一个负的平均误差比例值,平均的系统误差值就会减少很多,系统误差逐渐较少,系统趋于稳定。所以,最终这个回路系统会在预定值稳定下来。积分控制主要目的在于消除稳态误差,提高无差度。积分作用的强弱取决于积分时间常数 T_i,T_i 越小,积分作用越强。反之 T_i 越大则积分作用越弱,加入积分调节可使系统稳定性下降,动态响应变慢。积分作用常与另两种调节规律结合组成 PI 调节器成 PID 调节器。

(3) 微分——控制将来。计算误差的一阶导,并和一个负常数 D 相乘,最后和预定值相加。这个导数的控制会对系统的改变做出反应。导数的结果越大,那么控制系统就对输出结果做出更快速的反应。这个 D 参数也是 PID 被称为可预测的控制器的原因。D 参数对减少控制器短期的改变很有帮助。实际上,速度缓慢的系统可以不需要 D 参数。微分控制的目的是消除大幅波动。在微分时间选择合适时,可以减小超调,减小调节时间。微分作用不能单独使用,需要与另外两种调节规律相结合,组成 PD 或 PID 控制器。

2.1.4 助老机器人的开、闭环控制系统设计实例

下面通过一个关于助老机器人的开、闭环控制系统设计实例来说明一下开、闭环的区别。

1. 助老服务机器人的系统设计

机械系统主要包括机身、机械臂和车轮。电气系统以 ARM 为主控模块,以各类传感器及电子罗盘为检测模块。执行系统由电动机和舵机两部分组成。电动机用来执行助老服务机器人的行走,舵机用来控制机械臂的一系列动作。同时该机器人还具有 WiFi 模块,老年人可通过 PC 操控来实现机器人的避障,抓取所需的物品。助老服务机器人也可以利用自身所具备的各种传感器来感知复杂的环境,实现自主避障,完成指定的任务。助老服务机器人总体系统结构如图 2-4 所示。

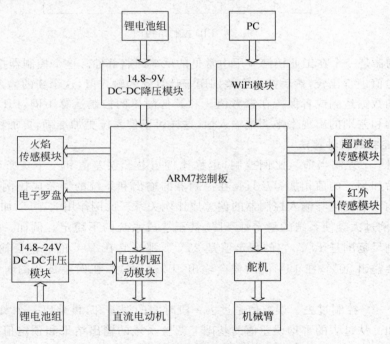

图 2-4 助老服务机器人总体系统结构图

2. 助老服务机器人的开、闭环系统

该机器人驱动模块直接驱动直流电动机,但直流电动机的输出情况不对系统的控制作用产生影响,不具备自动修正的能力。开环控制结构框图如图 2-5 所示。

机器人开环控制所使用的驱动板 168W 为双路直流电动机驱动模块,支持电压 7～24V,具有双路电动机接口,类似 L298 控制逻辑,每路都支持三线控制使能、正反转及制动。控制信号使用灌电流驱动方式支持绝大多数单片机直接驱动,使用光耦对全部控制信号进

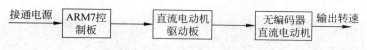

图 2-5　开环控制结构框图

行隔离。通过程序控制 ARM7 给驱动板施加高电平,从而驱动直流电动机的转动,在控制机器人的行驶路程时只能通过时间控制,当机器人以较大的速度运行,在停止时具有较大的惯性,故路程误差较大。

　　开环控制系统结构简单、工作稳定,因此容易掌握及设计,但其精度的提高将受到很大的制约。在智能助老机器人中运用开环系统,可能导致在复杂环境中出现运行偏差,难以完成原本指定的任务。

　　助老服务机器人改用智能 PID 驱动模块,使直流电动机的输出情况通过编码器直接反馈给驱动板,形成闭环参与控制的控制方式,其框图如图 2-6 所示。编码器是测量轴转角位置的一种最常用的位移传感器,具有分辨能力强、测量精度高和工作可靠等优点,可以实时地测出电动机的转速,并将转速准确地反馈给闭环驱动板。若直流电动机输出转速偏离期望输出转速,闭环驱动板便利用自带的 PID 控制作用再去消除偏差,使系统输出量恢复到期望值上。

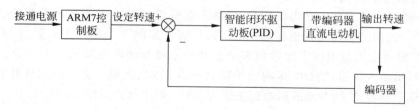

图 2-6　闭环控制结构框图

　　智能 PID 驱动模块自带的控制器可以进行 PID 运算、梯形图控制,由板上的 L298N 来进行驱动的智能模块,是一个驱动＋闭环控制的模块,而非简单的驱动。与其他电动机驱动模块相比,该智能模块包含了电动机的驱动和智能控制。

　　使用该智能模块,只通过串口发送 8 个字节的命令,就可以控制双路电动机的正反转速度,甚至可以直接设定运动距离、两路电动机的 PID 参数和梯形图参数。

　　闭环控制具有抑制干扰的能力,并能够改进系统的响应特性,但对元件特性变化不敏感。智能助老服务机器人运用闭环控制系统提高了控制精度,改善了机器人的总体性能。

　　在做实验前需要对智能驱动板的 PID 参数和梯形图参数进行设置,从而保证电动机能在驱动下按程序设定要求进行运转。

　　利用 LabVIEW 编写上位机并结合闭环驱动板对 PID 参数和梯形图参数进行设置,根据仿真结果,经过反复调试,对 P、I、D 三个参数进行调整,使电动机的运行完全按照程序设定进行运转,即参数值达到最佳。

　　P、I、D 最佳参数为 40、60、44。程序设定电动机转速为 200/s(1000/s 对应实际的154rad/min),则 Demo 仿真图如图 2-7 所示。

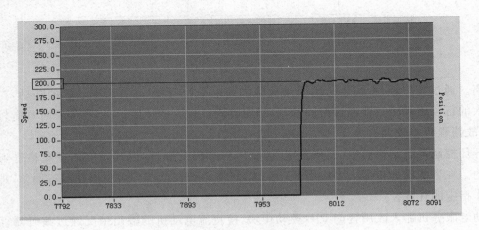

图 2-7　Demo 仿真图

3. 开、闭环系统下的实验对比

通过上述说明,在标准实验环境中对整个实验进行对比,开环控制与闭环控制下的实验对比结果如下。

1) 行进轨迹的精确直线程度

实验在机器人上安装一个电子罗盘,机器人在行进过程中通过电子罗盘可以实时地返回实验数据。返回的数据包括地磁场在 X 轴、Y 轴和 Z 轴 3 个方向的矢量值,本实验仅以地磁场在 X 轴方向矢量值的实验数值来分析开环系统与闭环系统的性能差异。在同一场地进行实验,机器人前进过程中 5s 内电子罗盘返回 100 组数据。实验前调整电子罗盘的位置,磁场在电子罗盘 X 轴方向的初始矢量值为 300。对比数据如图 2-8 所示。

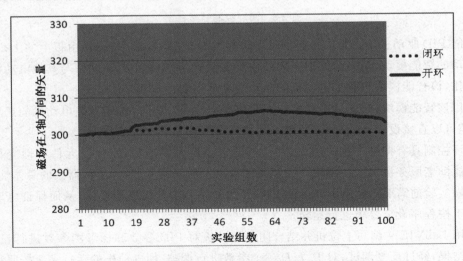

图 2-8　开、闭环控制实验数据曲线对比(行进轨迹的精确直线程度)

由图 2-8 可以看出,智能机器人在开环系统控制下的前进过程中,地磁场在电子罗盘 X 轴方向的矢量值波动较大,远高于初始值 300。而智能机器人在闭环系统控制下,矢量值波动明显较小,略高于初始值 300,即智能机器人在闭环系统控制下,行进轨迹误差小。

2）行进距离的控制精度

通过程序分别设定机器人在开环系统控制下和闭环系统控制下行进距离为 2m,在同一实验场地进行 20 次实验,通过测量得到 20 组数据。根据数据画出的图形如图 2-9 所示。

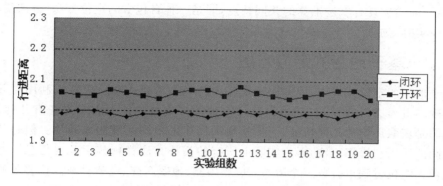

图 2-9 开、闭环控制实验数据曲线对比(行进距离的控制精度)

通过图 2-9 可知,智能机器人在开环系统控制下,行进距离远高于预设距离,这与机器人在停止时产生的惯性有关,而智能机器人在闭环系统控制下,行进距离与预设距离相差不大。由此可以看出,智能机器人在闭环系统控制下对行进距离的控制精度远高于开环系统控制。

3）结论

综上所述,助老服务机器人的开环控制系统结构简单,既不能检测误差,又不能矫正误差,控制精度和抑制干扰的能力都比较差,适用于一些可以忽略外界影响或精度要求不高的场合。助老服务机器人的 PID 闭环控制系统可以充分利用反馈的作用,排除惯性以及外界干扰带来的误差,能够保证机器人在复杂环境下工作的精确性。可广泛应用于外界环境比较复杂、对精度要求比较高的一些场合,更加适合助老服务机器人。

2.2 机器人定位技术

定位问题是机器人领域内一个非常重要的内容。最开始只是基于对传统记录机器人运动的内部传感器进行航迹推算,后来开始运用各种各样的外部传感器,通过对环境特征的观测去计算机器人相对于整个环境的方向和位置。直到今天,形成了融合内、外部各种传感器的机器人定位方法。

2.2.1 基于航迹推算的定位方法

航迹推算是一种广泛的定位手段。它不需要外部传感器信息来实现对车辆位置和方向的估计,并且能够提供很高的短期定位精度。航迹推算定位技术的关键是要能测量出移动机器人短时间间隔内走过的距离,以及在这段时间内移动机器人航向的变化。根据传感器的不同,主要有基于惯性器件的航迹定位方法以及基于码盘的航迹推算定位方法。

利用陀螺仪和加速度计分别测量出旋转率和加速率,再对测量结果进行积分,从而求解出移动机器人移动的距离以及航向的变化,再根据航迹推算的基本算法,求得移动机器人的位置以及姿态,这就是基于惯性器件的航迹推算定位方法。这种方法具有自包含的优点,即无须外部参考。然而,测量数据随时间有漂移,积分之后,任何小的常数误差都会无限放大。因此,惯性传感器对于长时间的精确定位不适合。航迹推算定位技术常用码盘进行位置和姿态的估算,同样也具有航迹推算的共同特点,即是一种自包含的定位方法,方法简单、成本低并且容易实时完成。

2.2.2　基于地图的定位方法

在基于地图的定位技术中,地图构建是其中的一个重要内容。机器人利用对环境的感知信息对现实世界进行建模,自动地构建一个地图。典型的地图表示方法有几何图、拓扑图。几何图是获取环境的几何特征,而拓扑图则描述了不同区域的连通性。但是几何图和拓扑图之间的区别却模糊不清,因为实际上所有的拓扑方法都依赖于几何信息。基于构造地图的机器人定位过程可分成三个阶段:位姿预测、地图匹配、位姿更新。位姿预测使用里程计模型给出机器人的初始位姿,为地图匹配提供一种先验环境特征信息;地图匹配是寻找传感器测量的局部地图信息与全局地图间的对应关系,并用局部地图更新全局地图的过程;最后,根据地图匹配结果,应用相关的定位算法完成对机器人当前的定位,即位姿更新。

2.2.3　基于视觉的定位方法

视觉定位方法是近年来发展起来的一种先进的定位方法。它利用摄像机摄取包含信标的图像信息后,经图像处理提取并识别信标,再根据信标的先验知识计算出传感器在环境中的位姿。当传感器与载体的位置关系已知时,载体在这个环境中的位置和方向就可以同时计算出来。如果这种位姿数据可以实时在线计算,就满足了移动状态下的自主定位。

视觉传感器包含了丰富的环境信息,可以用于目标识别跟踪、环境地图构建、障碍检测等。因其能实现多种功能的特点,所以基于视觉传感器的机器人定位定向技术引起了人们越来越多的关注。

很多学者提出了不同的定位方法,这些定位大体可分为以下三类。第一类是基于立体视觉的方法,这类方法的突出优点是能获取周围环境的深度信息,从而能够实现较为准确的定位,但存在需要对摄像机进行标定等问题。第二类是基于全方位视觉传感器的定位方法,使用这种视觉传感器不需要控制摄像头,但是它会对感知到的环境产生很大的畸变。第三类是基于单目视觉的机器人定位算法,这类方法具有简单易用和适用范围广等特点,还可以与里程仪等传感器相结合实现运动立体视觉定位,实现对环境特征的三维测量完成环境建图,因而单目视觉使用较为灵活,也不会像全方位视觉传感器那样产生很大的畸变。

基于双目运动立体视觉的机器人定位定向方法,双目摄像机安装于云台上,云台可实现360°自由转动,双目立体视觉实现环境标志物识别与三维测量,显然标志物的三维信息带有误差。同时,利用电动机编码器的数据可获得机器人初始位置的定位数据信息,但不可避免地仍然会存在误差,需要通过卡尔曼滤波将两者的信息相融合以得到更为准确的机器人和标志物的位置信息。英国牛津大学在这方面进行了深入的研究,在室内环境下的机器人实验中取得了良好的效果。

2.3　机器人基于多传感器的信息融合技术

机器人系统对外部信息的感知通过传感器获取。在复杂的机器人系统和复杂环境中，信息的提取需要大量的传感器来实现。为使机器人系统的决策层能得出正确的决策，需要通过多个传感器的信息来融合处理做出最后的决策命令。

2.3.1　多传感器信息融合技术的定义

多传感器信息融合是一种用于包含处于不同位置的多个或者多种传感器的信息处理技术。随着传感器应用技术、数据处理技术、计算机软硬件技术和工业化控制技术的发展成熟，多传感器信息融合技术已发展成为一门新兴学科和技术。我国对多传感器信息融合技术的研究不仅仅停留于理论的层面，该技术在工程上已应用于信息的定位和识别等。相信随着科学技术的不断进步，多传感器信息融合技术一定会成为一门智能化、精细化数据信息图像等综合处理和研究的专门技术。

2.3.2　多传感器信息处理的典型方法

1. 卡尔曼滤波

卡尔曼滤波（KF）不要求信号和噪声都是平稳过程的假设条件。对于每个时刻的系统扰动和观测误差（即噪声），只要对它们的统计性质做某些适当的假定，通过对含有噪声的观测信号进行处理，就能在平均的意义上求得误差为最小的真实信号的估计值。因此，自从卡尔曼滤波理论问世以来，在通信系统、电力系统、航空航天、环境污染控制、工业控制、雷达信号处理等许多部门都得到了应用，并取得了成功。例如，在图像处理方面，应用卡尔曼滤波对由于某些噪声影响而造成模糊的图像进行复原，在对噪声做了某些统计性质的假定后，就可以用卡尔曼滤波算法以递推的方式从模糊图像中得到均方差最小的真实图像，使模糊的图像得到复原。

卡尔曼滤波处理信息的过程一般为预估和纠正，它在多传感信息融合技术的作用中不仅是一个简单具体的算法，而且也是一种非常有用的系统处理方案。事实上，它与很多系统处理信息数据的方法类似，利用数学上迭代递推计算的方法为融合数据提供行之有效的统计意义下的最优估计，且对存储的空间和计算要求很小，适合于对数据处理空间和速度有限制的环境。KF 分为分散卡尔曼滤波（DKF）和扩展卡尔曼滤波（EKF）两种。DKF 能使数据融合完全分散化，而 EKF 能有效克服数据处理的误差和不稳定性对信息融合过程产生的影响。

2. 人工神经网络法

人工神经网络（artificial neural network，ANN）是 20 世纪 80 年代以来人工智能领域兴起的研究热点。它从信息处理角度对人脑神经元网络进行抽象，建立某种简单模型，按不同的连接方式组成不同的网络，在工程与学术界也常直接简称为神经网络或类神经网络。神经网络是一种运算模型，由大量的节点（或称神经元）之间相互连接构成。每个节点代表一种特定的输出函数，称为激励函数（activation function）。每两个节点间的连接都代表一个对于通过该连接信号的加权值，称为权重，这相当于人工神经网络的记忆。网络的输出则依网络的连接方式、权重值和激励函数的不同而不同。网络自身通常都是对自然界某种算法或者函数的逼近,也可能是对一种逻辑策略的表达。

这种方法通过模仿人脑的结构和工作原理,以传感器获得的数据作为网络的输入,通过训练在相应的机器或者模型上完成一定的智能任务来消除非目标参量的干扰。神经网络法对于消除多传感器在协同工作中受到的各方面因素相互交叉影响有明显效果,而且它编程简便,输出稳定。

2.3.3 多传感器的分布格局

根据数据处理方法的不同,信息融合系统的体系结构有三种:分布式、集中式和混合式。

分布式。先对各个独立传感器所获得的原始数据进行局部处理,然后再将结果送入信息融合中心进行智能优化组合来获得最终的结果。分布式融合结构对通信带宽的需求低、计算速度快、可靠性和延续性好,但跟踪的精度却远没有集中式融合结构高;分布式融合结构又可以分为带反馈的分布式融合结构和不带反馈的分布式融合结构。

集中式。集中式融合结构将各传感器获得的原始数据直接送至中央处理器进行融合处理,可以实现实时融合,其数据处理的精度高,算法灵活。缺点是对处理器的要求高,可靠性较低,数据量大,故难于实现。

混合式。混合式融合结构中,部分传感器采用集中式融合结构,剩余的传感器采用分布式融合结构。它具有较强的适应能力,兼顾了集中式融合和分布式融合的优点,稳定性强。混合式融合结构比前两种融合结构复杂,这样就很大程度上加大了通信和计算上的代价。

2.4 机器人模糊控制技术

"模糊"是人类对世界万物的信息知识的感知和获取,并做出思维推理和决策实施的重要特征。在传统的控制系统中,控制系统动态模式的精确度是影响控制优劣的最主要的因素,系统的动态信息描述越详细,越能使系统达到精确控制。但是,复杂的系统有太多太多的变量,根本无法实现正确地描述系统的动态,因此尝试着以模糊数学来处理这些控制问题。在非线性、强耦合的复杂机器人系统中,无法获得精确动态模型时,可尝试使用模糊控制来对机器人系统进行控制。

2.4.1 模糊控制的发展

20 世纪 60 年代以来,现代控制理论已经在工业生产过程、军事科学以及航空航天等许多方面都取得了成功的应用。例如,极小值原理可用来解决某些最优控制问题;利用卡尔曼滤波器可对具有有色噪声的系统进行状态估计;预测控制理论可对大滞后过程进行有效的控制。但它们都有一个基本的要求,即需要建立被控对象的精确数学模型。这在控制的过程中是一个重要而又困难的问题。

1979 年,英国的 I. J. Procyk 和 E. H. Mamdani 提出了一种自组织模糊控制器。它在控制过程中不断修改和调整控制规则,使控制系统的性能不断完善,这标志着模糊控制器"智

能化"程度进一步向高级阶段发展。

1984年,美国推出"模糊推理决策支持系统"。20世纪80年代末,在日本兴起的模糊控制技术是高科技领域的一次革命,其成果已被广泛地应用于各个领域,使得日本的模糊控制理论研究和应用水平处于世界领先地位。与此同时,其他国家也不甘示弱,纷纷加大支持力度,其中美国投入了大量的人力与财力支持模糊控制理论与应用的研究,并且应用于实际之中,取得了良好的效果。目前美国国家航空与航天局(NASA)正在考虑把模糊系统用于太空和航空系统,支持国际空间的发展。国际原子能机构(IAEA)和国际工业应用系统机构(IIASA)也准备在大型系统高速推理上应用模糊系统理论。国际上许多文献表明,在航天器空间对接的研究中,国外已将模糊控制应用于绕飞和最后逼近阶段的控制,克服了难以建立精确数学模型的困难。在空间机器人的控制系统中应用模糊控制,使其对负载和工作条件的变化有很强的适应性。

日本九州大学的户贝博士与山川教授于1983年分别开发了将模糊推理作为硬件的模糊集成块,后来制成了推理机及模糊控制用的"模糊计算机"。虽然户贝博士实现了模糊推理,但由于使用了常规数字技术,1秒只能推理1000万次。除日本外,中、美、英等国都在进行模糊集成块的研究,它将朝着体积小、速度快、应用广等方面迅速发展,从而为模糊控制的实时应用提供强有力的硬件支持。1985~1986年,日本进入了模糊控制实用化时期,特别反映在:

(1)过去以大型机械设备和生产过程作为研究对象,而目前则以小型的家用电器产品为应用对象。根据日本电气公司(NEC)1991年9月统计,三菱、松下、东芝等公司在空调机、吸尘器、全自动洗衣机等电器中普遍应用了模糊控制理论,到1994年其普及率将超过50%,有的高达80%。

(2)向复杂系统、智能系统、人类与社会系统以及自然系统许多领域扩展。

(3)在硬件方面进一步研制模糊控制器、模糊推理等专用芯片,并且开发"模糊控制通用系统"。在国外,模糊控制器集成硬件已有出售。例如,日本富士FRUIAX立石电动机公司的FZ—3000、FZ—5000和英国Image Automation公司的LINK man。几种典型的模糊推理方法,根据模糊推理的定义可知,模糊推理的结论取决于模糊蕴含关系及模糊关系与模$R(X, Y)$。模糊集合之间的合成运算法则对于确定的模糊推理系统,蕴含关系一般是确定的,而$R(X, Y)$合成运算法则并不唯一。根据合成运算法则的不同,模糊推理方法有两种常用的方法即Larsen推理法和Zadeh推理法。Mamdani将经典的Max-Min合成运算方法作为模糊关系与模糊集合的合成运算法则。Max-Product最大-乘积型模糊方程组的解有多种。例如,一般模糊控制器中规则数多达500条,前提命题数6个,结论部命题数2个,输出算法根据规则可分为速度型和位置型。

2.4.2 模糊控制的定义

对于普通集合而言,其论域中的任何一个元素与该集合之间的关系,只有"属于"和"不属于"两种情况,绝对不允许模棱两可。人们要表达一个概念通常有两种方法,一种是指出概念的内涵(即内涵法),另一种是指出概念的外延(即外延法)。实际上,概念的形成总是要联系到集合论,从集合论的角度看,内涵就是集合的定义,而外延就是组成集合的所有元素。例如,"大于6的自然数"是一个清晰的概念,该概念的内涵和外延均是明确的。然而,在现实生活中也经常遇到没有明确外延的概念,如"比 6 大得多的自然数"这种概念实质上就是一个模糊的概念,我们无法划定一个明确的界限,使得在这个界限内有自然数都比 6 大得多,而界限外的所有自然数都不比 6 大得多;我们只能说某个数属于"比 6 大得多"的程度高,而另一个数属于"比 6 大得多"的程度低。又如,以人的年龄为论域,那么"年青""中年""老年"都没有明确的外延;或者以人的身高为论域,那么"高个子""中等身材""矮个子"也没有明确的外延。所以诸如此类的概念都是模糊概念。

在普通集合中,元素对集合的隶属度只能取 0 和 1 这两个值,即用"属于"或"不属于"来表达,而模糊集合却不能像普通集合那样来描述。L. A. Zadeh 于 1965 年将普通集合中特征函数的取值推广到可以取区间[0,1]中的任意一个数值,即可以用隶属度来定量地描述论域 U 中的元素符合概念的程度,实现了对普通集合中绝对隶属关系的扩充,从而用隶属函数表示模糊集合,用模糊集合表示模糊概念。

模糊控制器的基本结构主要分为输入精确量的模糊化、规则知识库、模糊推理、模糊量的反模糊化(输出量精确化)、被控对象,如图 2-10 所示。

(1)输入精确量的模糊化。模糊化是一个使清晰量模糊的过程,输入量根据各种分类被安排成不同的隶属度。

(2)规则知识库和推理机。模糊控制器的规则是基于专家知识库或手动操作熟练人员长期积累的经验,它是按人的直觉推理的一种语言表示形式。

(3)反模糊化。通过模糊控制决策得到的是模糊量,要执行控制,必须把模糊量转化为精确量,也就是要推导出模糊集合到普通集合的映射(也称判决)。

(4)明确被控对象可获知和提取出相应的模糊化和规则库的建立。

图 2-10 模糊控制器的基本结构

模糊控制器的结构框图如图 2-11 所示。

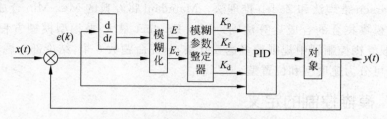

图 2-11 模糊控制器的结构框图

模糊系统理论还有一些重要的理论课题没有解决。其中两个重要的问题是:如何获得模糊规则及隶属函数,这在目前完全凭经验来进行;以及如何保证模糊系统的稳定性。大体来说,在模糊控制理论和应用方面应加强研究的主要方向为:

（1）适合于解决工程上普遍问题的稳定性分析方法、稳定性评价理论体系、控制器的鲁棒性分析、系统的可控性分析和可观性判定方法等。

（2）模糊控制规则设计方法的研究，包括模糊集合隶属函数设定方法、量化水平、采样周期的最优选择、规则的系数、最小实现以及规则和隶属函数参数自动生成等问题。进一步，则要求给出模糊控制器的系统化设计方法。

（3）模糊控制器参数最优调整理论的确定，以及修正推理规则的学习方式和算法等。

（4）模糊动态模型的辨识方法。

（5）预测系统的设计方法和提高计算速度的方法。

（6）神经网络与模糊控制相结合，有望发展一套新的智能控制理论。

（7）模糊控制算法改进的研究。由于模糊逻辑的范畴很广，包含大量的概念和原则。然而这些概念和原则能真正地在模糊逻辑系统中得到应用的却为数不多。这方面的尝试有待深入。

（8）最优模糊控制器设计的研究。依据恰当提出的性能指标，规范控制规则的设计依据，并在某种意义上达到最优。

（9）简单、实用且具有模糊推理功能的模糊集成芯片和模糊控制装置、通用模糊控制系统的开发和推广应用。

2.4.3　模糊控制的特点

模糊控制建立在人工经验基础之上。对于一个熟练的操作人员，他并非需要了解被控对象精确的数学模型，而是凭借其丰富的实践经验，采取适当的对策来巧妙地控制一个复杂过程。若能把这些熟练操作员的实践经验加以总结和描述，并用语言描述出来，它就是一种定性的、不精确的控制理论。模糊控制具有如下特点：

（1）无须知道被控对象的数学模型。模糊控制是以人对被控系统的控制实验为依据而设计的控制器，故无须知道被控对象的数学模型。

（2）模糊控制是一种反映人类智慧思维的智能控制。模糊控制采用人类思维中的模糊量，如"高""中""低""小"等，控制量由模糊推理得出。这些模糊量和模糊原理是人类通常智能活动的体现。

（3）容易被人类接受。模糊控制的核心是控制规则，这些规则是以人类语言表示的，如衣服较脏，则投入洗衣剂较多，洗衣时间较长，很明显这些规则容易被一般人所接受和理解。

（4）构造容易。用单片机等来构造模糊控制系统，其机构与一般的数字控制系统不尽相同，模糊控制算法应用软件的实现，其应用空间十分广泛。

（5）鲁棒性好。模糊控制系统无论被控对象是线性的还是非线性的，都能在实际中得到有效的控制，具有良好的适应性和鲁棒性。所谓鲁棒性，是指标称系统所具有的某一种性能品质对于具有不确定性的系统集的所有成员均成立，如果所关心的是系统的稳定性，那么就称该系统具有鲁棒稳定性；如果所关心的是用干扰抑制性能或用其他性能准则来描述的品质，那么就称该系统具有鲁棒性。

2.4.4　模糊控制的应用

湖南大学的刘国才等对 T-S 模糊推理方法进行了深入研究，并将其成功应用于国家

"八五"重点新技术开发项目"氧化铝熟料烧成自动控制管理系统"中,实现了氧化铝烧成过程的自动控制,攻克了几十年来一直未能得到很好解决的氧化铝熟料烧成回转窑的自动控制难题,取得了显著的社会效益和经济效益。模糊控制还可以应用到聚丙烯研制过程中的温度控制、退火炉燃烧过程的控制、电弧炼钢的控制等。

1. 模糊控制在典型工业控制对象中的应用

模糊控制还被应用到现代控制领域的典型工业控制对象,如交流伺服系统模糊控制、机器人控制中的模糊控制、车辆自动驾驶模糊控制、温室温度模糊控制等,可以说基本上在各种典型工业控制对象中都能见到模糊控制的身影。

2. 模糊控制在智能家用电器中的应用

模糊控制在智能家电中的应用方面,日本走在世界前列。目前已经出现了全自动洗衣机的模糊控制、电饭锅的模糊控制、空调的变频模糊控制、电冰箱的模糊控制、微波炉的模糊控制等。模糊控制技术大大提高了这些家电的智能化水平和控制效果,家用电器中使用模糊控制也成为目前的一个时尚。

3. 模糊控制在国民经济等复杂大对象预测中的应用

国民经济等大型对象非常复杂,其变化趋势受很多因素影响,非常难以建立精确的数学模型来进行模拟,如人口变化趋势预测、黄河流域雨量预测、物价上涨趋势预测等。但是可以通过模糊控制理论、专家系统理论等建立模糊预测模型,获得这些对象的变化趋势。例如,在 PSCAD/EMTDC 下建立了双馈型感应变速风电动机组动态模型,基于该模型提出一种风电动机组功率控制策略,并分析了机组约束条件对控制策略的影响。该策略实现了无风速测量下的最大风能追踪,并可以对风机捕获的功率进行控制,使风电动机组在风力限制范围内承担系统功率调节任务。对一台 2MW 双馈型感应变速风电动机组进行了仿真,仿真结果表明控制方案在风速波动条件下能够准确、有效地对风电动机组最大风能追踪,并能对有功、无功功率按计划进行独立调节。

近年来,模糊控制得到长足发展。它的应用领域涉及各个方面,控制方法也有很大进展,模糊控制器的性能不断提高。模糊控制系统易于接受,设计简单,维护方便,而且比常规控制系统稳定性好,鲁棒性高。由于它的这些特点,模糊控制正在得到越来越广泛的应用。图 2-12 所示是利用模糊控制的机器人做出拉小提琴的细微动作图。

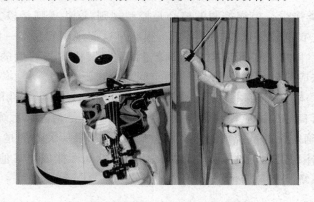

图 2-12　模糊控制的机器人拉小提琴

2.5 机器人路径规划技术

2.5.1 机器人路径规划的定义

机器人路径规划的任务是指在已知机器人初始位姿的前提下,给定机器人目标位姿的条件,在存在障碍的环境中规划一条无碰撞、时间(能量)最优的路径。若已知环境地图,即已知机器人模型和障碍模型,可以采用基于模型的路径规划。若机器人在未知或动态环境中移动,机器人很不容易获得所需要的稳定信息,另外机器人又需要向目标移动,同时又需要使用检测传感器探测障碍物体的存在,称为基于传感器的路径规划。

为了简化问题描述,假定机器人为两个自由度,即只考虑机器人的位置,不考虑其姿态。机器人的工作任务是在目标环境中规划一条最简单的路径,使得机器人从起点到达目标点(终点),同时不与复杂环境中的障碍物发生碰撞。这里以平面全向移动机器人为例,假设机器人是半径为 r 的圆形机构。首先,由于机器人可以全方向移动,所以可以忽略移动机器人的方向(姿态的自由度);其次,因为能用圆表示机器人,所以可把障碍物沿径向扩张 r 的宽度,同时将机器人收缩成一个点。因此,移动机器人路径规划可以简化为在扩张了障碍物的地图上点机器人的路径问题,而机器人的目标则是在扩张了障碍物的地图上去寻找一条最简单而又无碍的路径。

2.5.2 实现机器人路径规划的方法模型

根据机器人的工作环境,路径规划模型可分为两种:一种是基于模型的全局路径规划,作业环境的全部信息已知,又称静态或离线路径规划;另一种是基于传感器的局部路径规划,作业环境信息全部或部分未知,又称动态或在线路径规划。局部路径规划和全局路径规划并没有本质区别,前者只是把全局路径规划的环境考虑得更复杂一些,即环境是动态的。很多适用于全局路径规划的方法经过改进都可用于局部路径规划;而适用于局部路径规划的方法都可以用于全局路径规划。

1. 全局路径规划

全局路径规划的主要方法有可视图法、拓扑法、栅格法、自由空间法等。

1)可视图法

可视图法中,把移动机器人视为一点,将机器人、目标点和多边形障碍物的各顶点进行组合连接,并保证这些直线均不与障碍物相交,这就形成了一张图,称为可视图。由于任意两直线的顶点都是可见的,从起点沿着这些直线到达目标点的所有路径均是运动物体的无碰路径。搜索最优路径的问题就转化为从起点到目标点经过这些可视直线的最短距离问题。运用优化算法可删除一些不必要的连线以简化可视图,缩短搜索时间。该法的优点是能够求得最短路径,但缺点是在假设中忽略了移动机器人的尺寸大小,因此机器人通过障碍物顶点时会因为离障碍物太近甚至接触而发生干涉,并且算法复杂,搜索时间长。

2)拓扑法

拓扑法将规划空间分割成具有拓扑特征的子空间,根据彼此连通性建立拓扑网络,在网络上寻找起始点到目标点的拓扑路径,最终由拓扑路径求出几何路径。拓扑法基本思想是降维法,即将在高维几何空间中求路径的问题转化为低维拓扑空间中判别连通性的问题。优点在于利用拓扑特征大大缩小了搜索空间。算法复杂性仅依赖于障碍物数目,理论上是完备的,而且拓扑法通常不需要机器人的准确位置,对于位置误差也就有了更好的鲁棒性。缺点是建立拓扑网络的过程相当复杂,特别在增加障碍物时如何有效地修正已经存在的拓扑网络是待解决的问题。

3) 栅格法

栅格法将移动机器人工作环境分解成一系列具有二进制信息的网格单元,多采用四叉树或八叉树表示,并通过优化算法完成路径搜索。该法以栅格为单位记录环境信息,有障碍物的地方累积值比较高,移动机器人就会采用优化算法避开。环境被量化成具有一定分辨率的栅格,栅格大小直接影响环境信息存储量的大小和规划时间的长短。栅格划分大了,环境信息存储量小,规划时间短,但分辨率下降,在密集环境下发现路径的能力减弱;栅格划分小了,环境分辨率高,在密集环境下发现路径的能力强,但环境信息存储量大,规划时间长。栅格法经改进也广泛应用于局部路径规划。

4) 自由空间法

自由空间法应用于移动机器人路径规划,采用预先定义的如广义锥形和凸多边形等基本形状构造自由空间,并将自由空间表示为连通图,通过搜索连通图来进行路径规划。自由空间的构造方法是从障碍物的一个顶点开始,依次作其他顶点的连接线,删除不必要的连接线,使得连接线与障碍物边界所围成的每一个自由空间都是面积最大的凸多边形,连接各连接线的中点形成的网络图即为机器人可自由运动的路线。其优点是比较灵活,起始点和目标点的改变不会造成连通图的重构;缺点是其复杂程度与障碍物的多少成正比,且有时无法获得最短路径。

2. 局部路径规划

局部路径规划包括人工势场法、模糊逻辑算法、神经网络法、遗传算法等。

1) 人工势场法

人工势场法是由 Khatib 提出的一种虚拟力法。其基本思想是将移动机器人在环境中的运动视为一种虚拟人工受力场中的运动。障碍物对移动机器人产生斥力,对目标点产生引力,引力和斥力周围由一定的算法产生相应的势,机器人在势场中受到抽象力作用,抽象力使得机器人绕过障碍物。人工势场法结构简单,便于低层的实时控制,在实时避障和平滑的轨迹控制方面得到了广泛应用。其不足在于存在局部最优解,容易产生死锁现象,因而可能使移动机器人在到达目标点之前就停留在局部最优点。

2) 模糊逻辑算法

模糊逻辑算法是基于对驾驶员的工作过程观察研究得出。驾驶员避碰动作并非是对环境信息精确计算完成的,而是根据模糊的环境信息,通过查表得到规划出的信息,完成局部路径规划。该法的优点是克服了势场法易产生的局部极小问题,对处理未知环境下的规划问题显示出很大的优越性,对于解决用通常的定量方法来说是很复杂的问题或当外界只能提供定性近似的、不确定信息数据的情况非常有效。模糊控制算法有诸多优点,但也存在固有缺陷:人的经验不一定完备;输入量增多时,推理规则或模糊表会急剧膨胀。

3) 神经网络法

神经网络法则另辟蹊径。路径规划是感知空间到行为空间的一种映射,其映射关系可用不同方法实现,很难用精确数学方程表示,但采用神经网络易于表示。将传感器数据作为网络输入,由人给定相应场合下期望运动方向角增量作为网络输出,由多个选定位姿下的一组数据构成原始样本集,经过剔除重复或冲突样本等加工处理,得到最终样本集。将神经网络和模糊数学结合也可实现移动机器人局部路径规划。先对机器人传感器信息进行模糊处理,并总结人的经验形成模糊规则,再把模糊规则作用于样本对神经网络进行训练,通过学习典型样本把规则融会贯通,最终整体体现出一定智能。实际中允许输入偏离学习样本,只要输入接近一个学习样本的输入模式,则输出也就接近该样本输出模式。该性质使得神经网络可以模仿人脑,在丢失部分信息时仍具有对事物正确的辨识力。

4)遗传算法

遗传算法以自然遗传机制和自然选择等生物进化理论为基础,构造了一类随机化搜索算法。利用选择、交叉和变异编制控制机构的计算程序,在某种程度上对生物进化过程作数学方式的模拟。它只要求适应度函数为正,不要求可导或连续,同时作为并行算法,其隐并行性适用于全局搜索。多数优化算法都是单点搜索,易于陷入局部最优,而遗传算法却是一种多点搜索算法,故更有可能搜索到全局最优解。

第 3 章

机器人系统设计基础

本章主要介绍了机器人的行走机构、底盘设计、机械臂设计等方面。为使读者了解机器人的整体系统组成,还从机器人的软硬件机构出发讲述了机器人部件及其材料的选取原则,为下一章基于智能车的机器人模块设计做铺垫。

3.1 行走机构设计

所有在地面上移动的机器人都有共同的组成部分,即车轮、履带、腿足等用于推动车体在地面上进行移动的装置。配置这些车轮、履带或腿足使其发挥应有的功能称为移动系统行走机构设计。不同的移动机器人由于用途不同,其工作环境、整体结构都不尽相同,为了达到让机器人平稳而准确地运动这一目的,必须选择一种合适的行走机构。目前常用的行走机构有四种:足式行走机构、履带式行走机构、轮式行走机构、混合或行走机构。

3.1.1 足式行走机构

足式行走机构即所谓的步行机器人,其步行移动方式模仿人类或动物的行走机理,用腿脚走路。它不仅能在平地上行走,而且能在凹凸不平的地面上行走,甚至可以跨越障碍、上下台阶,对环境的适应性强,智能程度相对较高,具有轮式机器人无法达到的机动性和独特的优越性能。但对设计和制作者来说,步行机器人的研究极具挑战性,其主要难点在于各个腿关节之间的协调控制、机身姿态控制、转向机构和转向控制、动力的有效传递和行走机构机理。

足式机器人的种类很多,一般可分为两足机器人和多足机器人,如图 3-1 所示。一般将有两腿机构移动机器人叫作两足步行机器人,这种机器人基本上是近似或模仿人的下肢机构形态而制成。三足以上的机器人称为多足机器人,主要研究模仿四足和六足动物的各种步态,其具有复杂的步态规划。

步行机器人的机构复杂,由于其运动学及动力学模型复杂,控制难度较大。从移动的范围来讲,车轮形及履带形的移动机构无论有多么复杂,都只能在一维平面内移动,虽然能够应付一定的坡度和凹凸表面,但是车体与移动机构始终保持着固定的位置关系。而步行机器人的移动却有着很大的不同,它可以在保持身体姿态不变的前提下,既能前后左右移动又能沿着楼梯拾级而上,从这一点来看步行机器人的移动是三维空间移动。另外,要控制它

(a) 法国的nao　　　　(b) 美国波士顿动力机器人

图 3-1　足式行走机器人

的步行和不倾倒有很大的难度,目前实现上述功能的机器人很少。正因如此,步行移动方式在机构和控制上最复杂,技术上也不成熟,不适用于对灵活性和可靠性要求较高的场合中。

3.1.2　履带式行走机构

为了提高车轮对松软地面和不平坦地面的适应能力,履带式行走机构被广泛采用。履带方式又叫循环轨道方式,其最大的特征是将圆环状的循环轨道履带卷绕在若干车轮外,使车轮不直接与路面接触,可以缓冲路面状态,因此就可以在各种路面上行走。机器人采用履带行走方式有以下优点:

(1) 由于冲角的作用,能登上较高的台阶;

(2) 履带有较强的驱动力,适合在阶梯上移动;

(3) 能够原地旋转,所以适合在狭窄的屋内移动;

(4) 因重心低而稳定。

履带式行走机构广泛用在各类建筑机械及军用车辆上(如图 3-2 所示)。履带式行走机构的不足之处是转弯不如轮式灵活,在需要改变方向时,要将某一侧的履带驱动机构减速或制动来实现转弯,或者反向驱动实现车体的原地自转。但这都会使履带与路面产生相对横向滑动,不但加大了机器人车体的能耗,还有可能损坏路面。

 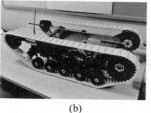

(a)　　　　　　　　　　(b)

图 3-2　履带式行走机构

3.1.3　轮式行走机构

轮式行走机构(如图 3-3 和图 3-4 所示)由滚动代替滑动摩擦,其主要特点是效率高,适合在平坦的路面上移动、定位精确,而且质量较轻、制作简单,在这里进行重点讲解。

(a) Bluerover机器人　　　　　　(b) Robby机器人

图 3-3　Bluerover 机器人和 Robby 机器人

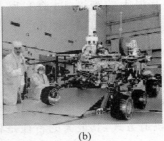

(a)　　　　　　　　　　　　(b)

图 3-4　SRR 机器人

绝大多数轮式机构都是非完整运动约束驱动系统。轮式移动方式的分类有很多种,按照其轮子的数目划分为独轮、两轮、三轮、四轮、五轮机器人。目前机器人中最常用的是三轮或四轮移动方式,在某些特殊应用情况下也有用五轮以上的机器人,但这种机器人结构和控制都很复杂。下面分别介绍常用的三轮及四轮轮式移动机构。

1. 三轮移动方式

典型三轮移动机器人通常采用一个中心前轮和两个后轮的布置方式,车体配置不仅结构简单,且稳定性稍差,遇到冲撞或地面不平时容易倾倒。在这种移动方式下,应该将各种元器件尽量放在机器人的下层,确保机器人的重心处于比较低的位置,以弥补此结构本身存在的稳定性差的问题。三轮移动方式包括共轴驱动行走机构和全方位移动机构两种方式。

(1) 共轴驱动行走机构。最常见的非完整运动约束机器人系统是共轴驱动系统。它们的最基本形式是用两个电动机分别驱动左后、右后两个主动轮,在机器人从动轮的前轮系统用于对本体进行支撑。因为两个后轮共用一个轴,而在实际应用中,两个车轮的对应不一定非常精确。图 3-5 所示是共轴驱动行走机构设计实例。此设计来自中国矿业大学(北京)2009 年 Robocup 暨中国机器人大赛中勘探组的参赛机器人,其左后、右后两个主动轮,保证行进中机器人的平衡及便于转弯,在机器人底盘的前端安装了从动轮的前轮,该机构使机器人能够实现旋转运动。

(2) 全方位移动机构。全方位移动机构采用一种比较特殊的轮,三个万向轮以等边三角形分别位于三角形的三个顶点处,三个主轮之间两两成 60° 夹角,轴线与中线重合。之所以选择三个万向轮正三角形组合,是因为正三角形组合方式有它独特的优势。因为三

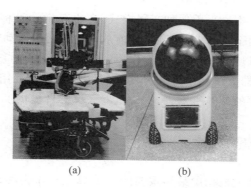

(a)　　　　　　　　(b)

图 3-5　三轮移动机器人

点确定一平面,无论怎样,三个点总是在同一平面上,且三个万向轮都必然着地,不会出现某个轮悬空的情况,这是四个轮或更多轮的行走机构无法做到的。在三轮机器人系统中每个轮都有单独的驱动电动机,这样,通过控制电路控制这三个电动机,从而实现全方位的行走。

2006 年的手动移动机器人设计中采用了这种移动方式,行走轮采用进口轮,名为 trans-wheel。关于 trans-wheel 轮,这里就不再详细介绍,读者可以到相关网站查找。这种行走系统借助了 trans-wheel 轮的全向性,依靠三个驱动电动机的差速,可以实现任何方向的移动。其机械结构简单,稳定性高,用电子调速的方式能以任意半径甚至零半径转弯。

2. 四轮移动方式

1) 四轮移动方式一

这是典型的汽车移动机构。机器人采取另一种转向方式,通过前部转向轮的朝向确定行走方向。这种方式非常适合于户外应用,特别是在崎岖地形,然而这样的机器人比传统的差速驱动方式的机器人制作起来复杂一些,却可以得到更好转向精度和更大的牵引力,这种技术叫作阿克曼转向。因为这种转向方式可以使轮胎产生更大的牵引力,具有更小的摩擦损耗,所以大部分汽车都采用这种转向方式。目前这种转向技术更适用于大型车辆,在机器人上的应用并不多。

2) 四轮移动方式二

这是移动机器人领域常见的一种四轮移动方式,如图 3-6 所示。前轮是两个万向轮,后轮是两个独立的驱动轮。这种结构的优点是遇到冲撞或地面不平时稳定性好,缺点是机器人在行走过程中只有三个轮着地,因此在行走时必须保证两个驱动轮着地,否则会影响机器人行走的定位精度。

图 3-6　四轮移动机器人

3) 四轮移动方式三

四轮移动方式的第三种典型机构是前后轮为万向轮,左右两轮为驱动轮,其自转重心在车体中间,这样便于在狭窄场所改变行走方向。但前后辅助的万向轮有时不能同时着地支撑,在高速起动和制动时会产生俯仰和前冲,或者在加速度很大时不走直线,所以应尽量将车体重心配置在 y 两个驱动轮连线的附近,以减少惯性的影响。为了提高机器人行走时的稳定性,机器人的底盘改进了结构,把机器人底盘降低至距离地面 15mm,适当增加前万向轮与中间驱动轮的距离。综合三轮式和四轮式车体的优缺点,把两个驱动轮放在中间位置,两个从动轮前后各一个。不论采用何种布置方式，在小车运动过程中的某一瞬间只能是三点支撑。通过调节前后两个从动轮的高度，使前从动轮和两个驱动轮着地，机器人在受到撞击或转弯时，后从动轮可以起到辅助支撑的作用，以增加机器人的稳定性。

综上所述，在轮式机器人设计中可通过具体的课题来选择采用几轮更适合。轮式机器人是使用最为普遍和方便的一类机器人，它为机器人设计者提供了一定指导。

3.2　底盘结构设计

机器人的底盘是机器人机构中最为重要的一个单元。作为移动和支撑的最核心部分，底盘结构设计需考虑材料、机械原理、机构学等方面。

3.2.1　底盘材料及结构选择

常用的机器人底盘材料有两种：一种是铝合金，另一种是不锈钢。铝合金质量轻、制作加工较为简单，而不锈钢虽然加工较困难，但强度高，不易变形，目前多选用不锈钢材料。底盘结构可以按加工工艺划分为零件连接底盘和焊接底盘。最大的区别主要是：底盘是否需要角铝连接，相对于焊接一体的焊接底盘，角铝连接底盘的零件数量要大得多。从重要性角度来讲，铝材虽然体积质量较小，但是强度不如不锈钢，因此，其截面面积相对较大，加之其附加的连接角铝和螺栓，其质量要远远大于不锈钢焊接底盘。

1. 角铝连接底盘

采用方管铝与角铝搭建的底盘具有焊接底盘不具备的优点。首先，由于铝材较软，可以用切铝机进行切割，制作比较简单；其次，由于可自己制作，而且效率高，因此制作周期很短；最后，在机器人的调试运行阶段，当底盘出现问题的时候，可以制作方管和角铝来进行维修，维修周期要短很多。

但是采用方管铝与角铝搭建的底盘也有无法克服的缺点。相对于一体的焊接底盘，角铝连接底盘的零件数量要大得多，所以，即使从质量角度讲铝材虽然密度较轻，但强度不如不锈钢；再者，其截面积相对较大，加之附加的连接角铝和螺栓，其总质量要远远大于不锈钢焊接底盘；采用这种底盘加工工艺，在连接装配角铝与方管时会产生误差，这些误差在最后装配时会有累积效应，从而导致装配精度低且装配困难，整个方形底盘往往会出现变形、平面度低等现象；另外在调试过程中，机器人高速前进，在运行过程中难免会产生振动，从而使螺栓、螺母松动，因此，这种加工工艺失效概率也大得多。

2. 焊接底盘

与角铝连接底盘相比，焊接底盘具有焊接精度较高、质量较轻的优点。机器人采用焊接底盘时，可以将传感器、电动机等器件放在底盘之上，使机器人的重心放低，避免机器人在运行过程中出现倾覆现象。但是焊接底盘的结构相对固定，因此当底盘有磨损或损坏的时候，维修周期会很长。由于实际应用中很少出现底盘损坏的情况，考虑到采用角铝连接底盘存在比较多的问题，所以一般机器人的底盘设计采用不锈钢焊接工艺。

3.2.2　基于轮式机器人的底盘结构分析

四轮驱动（如图 3-7 所示）优点是具有很好的走直线功能，能够提供更大的驱动力。而缺点是由于制造安装等原因,四个轮子很难同时着地,易出现打滑等问题,转弯性能不好。

两轮驱动(如图3-8所示)按驱动轮的位置可分为中间轮驱动、前轮驱动和后轮驱动。具体介绍如下:

(1) 若驱动轮在中间,其转弯半径为零,适用于重心靠中的机器人。

(2) 若驱动轮在前端,优点是转动中心靠前,前端抓取物体的机构调整的幅度更小,更容易对准。缺点是电动机一起动时由于惯性整车会后仰,驱动轮上的正压力减小,地面提供的摩擦力也减小,所以起动时打滑明显,起动加速度减小,从而拖延时间;二是由于电动机等配件较重,使整车的重心前移,若要抓取小型物体,机器人更容易向前倾倒。驱动轮在中间特别适合重心靠前的机器人。

图 3-7 典型的四轮驱动机器人　　　　图 3-8 两轮驱动机器人模型

(3) 若驱动轮在后端,其优点是能够很好解决起动时加速度不够的问题,缺点则是整车转动中心靠后,前端抓取物体机构的转动半径加长,所以机器人左右微调的幅度扩大,不利于调整对准,在冲撞中有后倒的可能性。它更适合中心靠后的机器人。

当设计机器人的底盘时,保证机器人满载、起动和急停时都不会倒是最基本的要求。在驱动轮前置或后置的方案中,重心距离驱动轮轴线不应该超过驱动轮和从动轮距离的1/3,否则提供的驱动力不足,会导致机器人起动慢,变向慢,甚至驱动轮打滑。

3.3 电动机选型

电动机(motor)是把电能转换成机械能的一种设备。它是利用通电线圈(也就是定子绕组)产生旋转磁场并作用于转子(如鼠笼式闭合铝框)形成磁电动力旋转转矩。电动机主要由定子与转子组成,通电导线在磁场中受力运动的方向与电流方向和磁感线方向(磁场方向)有关。电动机工作原理是磁场对电流受力的作用,使电动机转动。

(1) 按工作电源分类:根据电动机工作电源的不同,可分为直流电动机和交流电动机。其中交流电动机还分为单相电动机和三相电动机。电力系统中的电动机大部分是交流电动机。

(2) 按结构及工作原理分类:电动机按结构及工作原理可分为异步电动机和同步电动机。同步电动机还可分为永磁同步电动机、磁阻同步电动机和磁滞同步电动机。异步电动机可分为感应电动机和交流换向器电动机。感应电动机又分为单相异步电动机、三相异步电动机和罩极异步电动机等。交流换向器电动机又分为单相串励电动机、交直流两用电动机和推斥电动机。

(3) 按起动与运行方式分类:电动机按起动与运行方式可分为电容起动式单相异步电动

机、电容运转式单相异步电动机、电容起动运转式单相异步电动机和分相式单相异步电动机。

（4）按用途分类：电动机按用途可分为驱动用电动机和控制用电动机。控制用电动机又分为步进电动机和伺服电动机等。驱动用电动机包括钻孔、抛光、磨光、开槽、切割、扩孔等电动工具；控制用电动机应用于家电（包括洗衣机、电风扇、电冰箱、空调器、录音机、录像机、影碟机、吸尘器、照相机、电吹风、电动剃须刀等）；电动机用于其他通用小型机械设备包括各种小型机床、小型机械、医疗器械、电子仪器等。

（5）按转子结构分类：电动机按转子的结构可分为笼型感应电动机（旧标准称为鼠笼型异步电动机）和绕线转子感应电动机（旧标准称为绕线型异步电动机）。

（6）按运转速度分类：电动机按运转速度可分为高速电动机、低速电动机、恒速电动机和调速电动机。

3.3.1 步进电动机简介

1. 步进电动机的工作原理

步进电动机（stepping motor）是将电脉冲激励信号转换成相应的角位移或线位移的离散值控制电动机，这种电动机每当输入一个电脉冲就动一步，所以又称脉冲电动机，如图 3-9 所示。

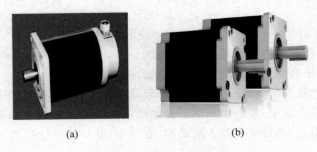

(a)　　　　　　　　　(b)

图 3-9　步进电动机

步进电动机是把电脉冲信号变换成角位移以控制转子转动的微特电动机，在自动控制装置中作为执行元件。步进电动机多用于数字式计算机的外部设备及打印机、绘图机和磁盘等装置。步进电动机的驱动电源由变频脉冲信号源、脉冲分配器及脉冲放大器组成，由此驱动电源向电动机绕组提供脉冲电流。其运行性能决定于电动机与驱动电源间的良好配合。

2. 步进电动机的优缺点

步进电动机的优点：

（1）过载性好。其转速不受负载大小的影响，不像普通电动机，当负载加大时就会出现速度下降的情况，步进电动机使用时对速度和位置都有严格要求。

（2）控制方便。步进电动机是以"步"为单位旋转的，数字特征比较明显。

（3）整机结构简单，使用维修方便，制造成本低。传统的机械速度和位置控制结构比较复杂，调整困难，而步进电动机使得整机的结构变得简单和紧凑。在步进电动机的尾端安装测速电动机，通过测速电动机将转速转换成电压，并传递到输入端的比较器环节，作为反馈信号反馈给控制器，来达到控制电动机转速的目的。但是步进电动机没有累积误差，只适用于速度和精度要求不高的地方。

步进电动机的缺点：

（1）效率低；

（2）发热大；

（3）有时会"失步"。

3. 步进电动机的应用

步进电动机主要用于数字控制系统中，其精度高，运行可靠。例如，采用位置检测和速度反馈，亦可实现闭环控制。步进电动机已广泛地应用于数字控制系统中，如数模转换装置、数控机床、计算机外围设备、自动记录仪、钟表等，另外在工业自动化生产线、印刷设备等中亦有应用。

3.3.2　步进电动机选型

选择步进电动机时，首先要保证步进电动机的输出功率大于负载所需的功率。而在选用功率步进电动机时要计算机械系统的负载转矩，电动机的矩频特性能满足机械负载并有一定的余量保证其运行可靠。在实际工作过程中，各种频率下的负载转矩必须在矩频特性曲线的范围内。一般地说，最大静转矩大的电动机，负载转矩也大。

选择步进电动机时，应使步距角和机械系统匹配，这样可以得到系统所需的脉冲当量。在机械传动过程中为了有更小的脉冲当量，一是可以改变丝杆的导程，二是可以通过步进电动机的细分驱动来完成。但细分只能改变其分辨率，不改变其精度，而精度是由电动机的固有特性所决定。

选择功率步进电动机时，应当估算机械负载的负载惯量和机床要求的起动频率，使之与步进电动机的惯性频率特性相匹配，还有一定的余量，使之最高速连续工作频率能满足机床快速移动的需要。选择步进电动机需要进行以下计算：

（1）计算齿轮的减速比。根据所要求脉冲当量，齿轮减速比 i 计算如下：

$$i = (\varphi \cdot S)/(360°\Delta) \tag{3-1}$$

式中　φ——步进电动机的步距角（°/脉冲）；

S——丝杆螺距（mm）；

Δ——（mm/脉冲）。

（2）计算工作台、丝杆以及齿轮折算至电动机轴上的惯量 J_t。

$$J_t = J_1 + (1/i \cdot 2)[(J_2 + J_s) + W/g(S/2\pi)^2] \tag{3-2}$$

式中　J_t——折算至电动机上的惯量；

J_1、J_2——齿轮惯量（kg·cm·s²）；

J_s——丝杆惯量（kg·cm·s²）；

W——工作台质量（N）；

S——丝杆螺距（cm）。

（3）计算电动机输出的总转矩 M。

$$M = M_a + M_t + M_f \tag{3-3}$$

$$M_a = (J_m + J_t) \cdot n/T \times 1.02 \times 10^{-2} \tag{3-4}$$

式中　M_a——电动机起动加速转矩（N·m）；

J_m、J_t——电动机自身惯量与负载惯量（kg·cm·s²）；

n——电动机所需达到的转速(r/min);

T——电动机升速时间(s);

$$M_f = (u \cdot W \cdot s)/(2\pi\eta i) \times 10^{-2} \qquad (3-5)$$

式中　M_f——导轨摩擦折算至电动机的转矩(N·m);

　　　u——摩擦系数;

　　　η——传递效率;

$$M_t = (P_t \cdot s)/(2\pi\eta i) \times 10^{-2} \qquad (3-6)$$

式中　M_t——切削力折算至电动机转矩(N·m);

　　　P_t——最大切削力(N)。

（4）负载起动频率估算。数控系统控制电动机的起动频率与负载转矩和惯量有很大关系,其估算公式为:

$$f_q = f_{q0}\left[(1 - (M_f + M_t))/M_l) \div (1 + J_t/J_m)\right]1/2 \qquad (3-7)$$

式中　f_q——带载起动频率(Hz);

　　　f_{q0}——空载起动频率;

　　　M_l——起动频率下由矩频特性决定的电动机输出转矩(N·m)。

若负载参数无法精确确定,则可按 $f_q = 1/2 f_{q0}$ 进行估算。

（5）运行的最高频率与升速时间的计算。由于电动机的输出转矩随着频率的升高而下降,因此在最高频率时,由矩频特性的输出转矩应能驱动负载,并留有足够的余量。

（6）负载转矩和最大静转矩 M_{max}。负载转矩可按式(3-5)和式(3-6)计算,电动机在最大进给速度时,由矩频特性决定的电动机输出转矩要大于 M_f 与 M_t 之和,并留有余量。一般来说,M_f 与 M_t 之和应小于 $(0.2 \sim 0.4)M_{max}$。

3.3.3　直流电动机简介

直流电动机作为机器人系统的主要执行单元,它为机器人实现灵活运动提供动力来源。直流电动机是将直流电能转换为机械能的转动装置。电动机定子提供磁场,直流电源向转子的绕组提供电流,换向器使转子电流与磁场产生的转矩保持方向不变。根据是否配置常用的电刷—换向器,可以将直流电动机分为两类,包括有刷直流电动机和无刷直流电动机。

1. 直流电动机的工作原理

直流电动机是将直流电能转换为机械能的电动机。因其良好的调速性能在电力拖动中得到广泛应用。直流电动机按励磁方式分为永磁、他励和自励三类,其中自励又分为并励、串励和复励三种。

下面介绍直流无刷电动机(如图 3-10 所示)的控制原理。要让电动机转动起来,控制部就必须通过 hall-sensor 感应到电动机转子所在位置,然后依照定子绕线决定开启(或关闭)换流器(inverter)中功率晶体管的顺序,inverter 中的 AH、BH、CH(这些称为上臂功率晶体管)及 AL、BL、CL(这些称为下臂功率晶体管)使电流依序流经电动机线圈产生顺向(或逆向)旋转磁场,并与转子的磁铁相互作用,如此就能使电动机顺时/逆时转动。当电动机转子转动到 hall-sensor,并感应出另一组信号的位置时,控制部又再开启下一组功率晶体管,如此循环,电动机就可以按同一方向继续转动直到控制部决定要电动机转子停止,则关闭功率晶体管(或只开下臂功率晶体管)。要电动机转子反向,则功率晶体管开启顺序相反。

图 3-10　直流无刷电动机 maxon

基本上功率晶体管的开法可举例如下：AH、BL 一组→AH、CL 一组→BH、CL 一组→BH、AL 一组→CH、AL 一组→CH、BL 一组，但绝不能开成 AH、AL 或 BH、BL 或 CH、CL。此外，因为电子零件总有开关的响应时间，所以功率晶体管在关与开的交错时间要将零件的响应时间考虑进去，否则当上臂（或下臂）尚未完全关闭，下臂（或上臂）就已开启，结果就造成上、下臂短路而使功率晶体管烧毁。

当电动机转动起来，控制部会再根据驱动器设定的速度及加/减速率所组成的命令（command）与 hall-sensor 信号变化的速度加以比对（或由软件运算）再来决定由哪一组（AH、BL 或 AH、CL 或 BH、CL……）开关导通，以及导通时间长短。速度不够则开长，速度过头则减短，此部分工作就由 PWM 来完成。PWM 是决定电动机转速快或慢的方式，如何产生这样的 PWM 才是要达到较精准速度控制的核心。

高转速的速度控制必须考虑系统的 CLOCK 分辨率是否能满足软件处理指令的时间，另外对于 hall-sensor 信号变化的资料存取方式也影响到处理器效能与判定正确性、实时性。低转速的速度控制尤其是低速起动，则因为回传的 hall-sensor 信号变化变得更慢。怎样撷取信号方式、处理时机以及根据电动机特性适当配置控制参数值就显得非常重要。如果速度回传改变以 encoder 变化为参考，则信号分辨率增加以期得到更佳的控制。电动机能够运转顺畅而且响应良好，PID 控制的恰当与否也无法忽视。之前提到直流无刷电动机是闭回路控制，因此由反馈信号就可知控制电动机转速距离目标速度还差多少，这就是误差（error）。有误差自然就要补偿，补偿方式可采用传统的 PID 工程控制。但控制的状态及环境复杂多变，若要使系统控制得坚固耐用，则要考虑的因素不是传统工程控制方法能完全解决的，所以模糊控制、专家系统及神经网络也被纳入成为智能型 PID 控制的重要理论。

2. 电动机的机械特性

电动机的转速 n 随转矩 T 而变化的特性 $n=f(T)$ 称为机械特性，它是选用电动机的一个重要依据。各类电动机都因有自己的机械特性而适用于不同的场合。

1）调速

从直流电动机的电枢回路看，电源电压 U 与电动机的反电动势 E_d 和电枢电流 I_d 在电枢回路电阻 R_d 上的电压降必须平衡。也就是

$$U = E_d + I_d R_d \qquad (3\text{-}8)$$

反电动势又与电动机的转速 n 和磁通 Φ 有关，电枢电流又与机械转矩 M 和磁通 Φ 有关。对于 z4 系列直流电动机（如图 3-11 所示），有

$$E_d = C\Phi n$$

图 3-11　z4 系列直流电动机

$$M = C\Phi I_\mathrm{d} \qquad (3\text{-}9)$$

式中，C 为常数。以上是未考虑铁芯饱和等因素时的理想关系，但对实际直流电动机的分析具有指导意义。由上可见，直流电动机有三种调速方法：调节励磁电流、调节电枢端电压和调节串入电枢回路的电阻。调节电枢回路串联电阻的办法比较简便，但能耗较大，且在轻负载时，由于负载电流小，串联电阻上电压降小，故转速调节很不灵敏。调节电枢端电压并适当调节励磁电流，可以使直流电动机在宽范围内平滑地调速。端电压加大使转速升高，励磁电流加大使转速降低，二者配合得当，可使电动机在不同转速下运行。调速中应注意高速运行时，换向条件恶化，低速运行时冷却条件变坏，从而限制了电动机的功率。

接近恒功率特性，低速时转矩大，故广泛用于电动车辆牵引，在电车中常用两台或两台以上既有串励又有并励的复励直流电动机共同驱动。利用串、并联改接的方法使电动机端电压成倍地变化（串联时电动机端电压只有并联时的一半），从而可经济地获得更大范围的调速和减少起动时的电能消耗。

电动机的"转矩"单位是 N·m（牛·米），计算公式为

$$T = 9550P/n \qquad (3\text{-}10)$$

式中　P——电动机的额定（输出）功率（kW）；

　　　n——额定转速（r/min）。

P 和 n 可从电动机铭牌中直接查到。

2）电动机转速的计算公式

并励直流电动机转速计算公式：$n = [U_\mathrm{s}/C_\mathrm{e}\Phi] - [(I_\mathrm{s} - I_\mathrm{r}) \cdot R_\mathrm{s}/C_\mathrm{e}\Phi]$

式中　n——电动机转速；

　　　U_s——电动机外加直流电压；

　　　$C_\mathrm{e}\Phi$——电动机常数；

　　　I_s——供给电动机的总电流；

　　　I_r——电动机并励磁电流；

　　　R_s——电动机电枢绕组直流电阻。

交流异步电动机转速计算公式：

$$理想转速 = 频率 \times 60/ 极对数$$

$$实际转速 = 理想转速 \times (1 - 转差率)$$

例如，交流电频率为 50Hz，极对数为 2，转差率为 0.04，则有

$$理想转速 = 50 \times 60/2 = 1500\mathrm{r/min}$$

$$实际转速 = 1500 \times (1 - 0.04) = 1500 \times 0.96 = 1440\mathrm{r/min}$$

$n = 60f/p(1-s)$ 是异步转速的公式。$n = 60f/p$ 是同步转速的公式。

3. 直流电动机的应用

各种电动机中应用最广的是交流异步电动机（又称感应电动机）。它使用方便、运行可靠、价格低廉、结构牢固，但功率因数较低，调速也较困难。大容量低转速的动力机常用同步电动机。同步电动机不但功率因数高，而且其转速与负载大小无关，只决定于电网频率，工作较稳定。在要求宽范围调速的场合多用直流电动机，但它有换向器结构复杂、价格昂贵、维护困难、不适于恶劣环境等缺点。20 世纪 70 年代以后，随着电力电子技术的发展，交流

电动机的调速技术渐趋成熟,设备价格日益降低,已开始得到应用。电动机在规定工作制式(连续式、短时运行制、断续周期运行制)下所能承担而不至引起电动机过热的最大输出机械功率称为它的额定功率,使用时需注意铭牌上的规定。电动机运行时需注意使其负载的特性与电动机的特性相匹配,避免出现飞车或停转。电动机能提供的功率范围很大,从毫瓦级到兆瓦级。电动机具有自起动、加速、制动、反转、掣住等能力,一般电动机调速时其输出功率会随转速而变化。

3.3.4　直流电动机选型

一般认为,直流电动机的选型主要包括以下几个步骤:

(1) 要明确需要的最大转矩大小,通过驱动物体的转动惯量及需要的加速或制动性能来计算最大转矩,其中还要考虑克服摩擦需要多少转矩。

(2) 需要的工作转速是多少。

(3) 可用的电源额定电压和电流是多少。

(4) 算出工作时的转矩平方根均值是多少,也就是 maximum continuous torque,即最大连续转矩。

(5) 通过最大转矩和最大转速,算出电动机的最大输出功率。

(6) 选择减速齿轮箱的减速比,然后计算电动机减速前的最大转矩和最大连续转矩。

(7) 通过功率、转矩和转速指标,开始电动机系列选型。

(8) 开始绕组的选型。

(9) 找出 average speed-torque gradient 是多少。

(10) 依据最大转速和最大转矩,计算无负载的转速(no-load speed)。

(11) 计算 minimum target speed constant(速度常数)是多少。

(12) 通过速度常数选型绕组,留有一定余量,也就确定了电动机的具体型号。

(13) 计算出最大电流,看是否超出供电的额定电流值。

3.4　机械臂机构设计

作为机器人的抓取机构,机械臂为机器人实现精确抓取提供可能。它是机器人系统中重要环节。机械臂由连杆机构、电动机、电动机连接板、摆臂等组成。

3.4.1　机械臂的分类

机械臂根据结构形式的不同分为水平多关节机械手臂、直角坐标系机械手臂、球坐标系机械手臂、极坐标机械手臂、柱坐标机械手臂等。图 3-12 所示为常见的六自由度机械手臂,它由 X 移动、Y 移动、Z 移动、X 转动、Y 转动、Z 转动六个自由度组成。

水平多关节机械手臂一般有三个主自由度:Z_1 转动、Z_2 转动、Z 移动。通过在执行终端加装 X 转动、Y 转动可以到达空间内的任何坐标点。

直角坐标系机械手臂由三个主自由度——X 移动、Y 移

图 3-12　机械臂

动、Z 移动组成,通过在执行终端加装 X 转动、Y 转动、Z 转动可以到达空间内的任何坐标点。

3.4.2　机械臂的作用

手臂一般有三个运动:伸缩、旋转和升降。实现旋转、升降运动是由横臂和支柱去完成。手臂的基本作用是将手爪移动到所需位置和承受手爪抓取工件的最大重量,以及手臂本身的重量等。手臂由以下几部分组成:

(1) 运动元件。如油缸、汽缸、齿条、凸轮等是驱动手臂运动的部件。

(2) 导向装置。保证手臂的正确方向及承受由于工件的重量所产生的弯曲和扭转的转矩。

(3) 手臂。它起着连接和承受外力的作用。油缸、导向杆、控制件等零部件都要安装在手臂上。

此外,根据机械手运动和工作的要求,管路、冷却装置、行程定位装置和自动检测装置等一般也都装在手臂上。所以,手臂的结构、工作范围、承载能力和动作精度都直接影响机械手的工作性能。

3.4.3　机械臂设计要求

1. 手臂应承载能力大、刚性好、自重轻

手臂的刚性直接影响到手臂抓取工件时动作的平稳性、运动的速度和定位精度。刚性差则会引起手臂在垂直平面内的弯曲变形和水平面内侧向扭转变形,手臂就要产生振动,或动作时工件卡死无法工作。为此,手臂一般都采用刚性较好的导向杆来加大手臂的刚度,各支撑、连接件的刚性也要有一定的要求,以保证能承受所需要的驱动力。

2. 手臂的运动速度要适当,惯性要小

机械手的运动速度一般是根据产品的生产节拍要求来决定,但不宜盲目追求高速度。手臂由静止状态达到正常的运动速度为起动,由常速减到停止不动为制动,速度的变化过程为速度特性曲线。手臂自重轻时起动和停止的平稳性就好。

3. 手臂动作要灵活

手臂的结构紧凑小巧才能使手臂运动轻快、灵活。在运动臂上加装滚动轴承或采用滚珠导轨也能使手臂运动轻快、平稳。此外,对于悬臂式的机械手,还要考虑零件在手臂上的布置,就是要计算手臂移动零件时的重量对回转、升降、支撑中心的偏重转矩。偏重转矩对手臂运动很不利,偏重转矩过大,会引起手臂的振动,在升降时不仅会发生一种沉头现象,还会影响运动的灵活性,严重时手臂与立柱会卡死。所以在设计手臂时要尽量使手臂重心通过回转中心,或离回转中心要尽量接近,以减少偏转矩。对于双臂同时操作的机械手,则应使两臂的布置尽量对称于中心,以达到平衡。

4. 位置精度高

机械手要获得较高的位置精度,除采用先进的控制方法外,在结构上还要注意以下几个问题:

(1) 机械手的刚度、偏重转矩、惯性力及缓冲效果都直接影响手臂的位置精度。

(2) 加设定位装置和行程检测机构。

（3）合理选择机械手的坐标形式。直角坐标式机械手的位置精度较高,其结构和运动都比较简单、误差也小。回转运动产生的误差是放大时的尺寸误差,当转角位置一定时,手臂伸出越长,其误差越大。关节式机械手因其结构复杂,手端的定位由各部关节相互转角来确定,其误差是积累误差,因而精度较差,其位置精度也更难保证。

（4）通用性强,能适应多种作业;工艺性好,便于维修调整。

以上这几项要求,有时往往相互矛盾,当刚性好、载重大时,结构往往粗大、导向杆也多,会增加手臂自重。当转动惯量增加,冲击力就大,位置精度就低。因此,在设计手臂时,需根据机械手抓取重量、自由度数、工作范围、运动速度及机械手的整体布局和工作条件等各种因素综合考虑,以达到动作准确、可靠、灵活、结构紧凑、刚度大、自重小,从而保证一定的位置精度和适应快速动作。此外,对于热加工的机械手,还要考虑热辐射,手臂要较长,以远离热源,并需装有冷却装置。对于粉尘作业的机械手还要添装防尘设施。

3.5　机器人整体结构材料的选择原则

制作智能车时需要多方面考虑材料的选用,从各种各样的材料中选择出合适的材料,是一项受多方面因素所制约的工作。机器人整体结构材料的选择原则如下:

1. 载荷应力的大小和性质

这方面的因素主要从强度观点来考虑,应在充分了解材料的力学性能前提下进行选择。脆性材料原则上只适用于制造在静载荷下工作的零件。在多少有些冲击的情况下应以塑性材料作为主要使用的材料。金属材料的性能一般可通过热处理加以提高和改善,因此,要充分利用热处理的手段来发挥材料的潜力。对于最常用的调质钢,由于其回火温度的不同,可得到力学性能不同的毛坯,所以在选择材料的品种时,应同时规定其热处理规范,并应在图纸上标明。

2. 零件的工作情况

零件的工作情况指零件所处的环境特点、工作温度、摩擦磨损的程度等。在湿热的环境下工作的零件,其材料应具有良好的防锈和耐腐蚀能力,可以考虑选用不锈钢合金等。工作温度对材料选择的影响,一方面要考虑互相配合的两零件的线膨胀系数不能相差过大,以免在温度变化时产生过大的热应力,或者是配合松动;另一方面也要考虑材料的力学性能随温度而改变的情况。零件在工作中有可能发生磨损之处,要提高其表面硬度,以增强耐磨性。因此,应选择适于进行表面处理的淬火钢、渗碳钢、淡化钢等品种。

3. 零件的尺寸和质量

零件尺寸、质量大小与材料品种及毛坯制取方法有关。用铸造材料制造毛坯时,一般可以不受尺寸及质量的限制,却需要注意锻压机械及设备的生产能力。此外,零件尺寸和质量大小还和材料的强重比有关,应尽可能选用强重比大的材料,以便减小零件尺寸和质量。

4. 零件结构的复杂程度及材料的加工可能性

结构复杂的零件宜选用铸造毛坯,或用板材冲压出原件后再经焊接而成。结构简单的零件可用锻造法制取毛坯。

对材料工艺性的了解,在判断加工可能性方面起着重要的作用。铸造材料的工艺性是指材料的液体流动性、收缩率、偏析程度及产生缩孔的倾向性等。焊接材料的工艺性是指材料的延展性、热脆性及冷态和热塑性变形的能力等。材料的热处理工艺只看材料的可淬性、淬火变形倾向及热处理介质对它的渗透能力等。

5. 材料的经济性

材料的经济性主要表现在以下几个方面：

（1）材料本身的相对价格。当用价格低廉的材料能满足使用要求时，就不应该选择价格高的材料，这对于大批量制造的零件尤为重要。

（2）材料的加工费用。制造某些箱体类零件，虽然铸铁价廉，但在小批量生产时，选择钢铁焊接比较有利，因其可以省掉铸模的生产费用。

（3）材料的利用率。采用无切屑或少切屑毛坯（如精铸、模锻、冷拉毛坯等）时，可以提高材料的利用率。此外，在结构设计时也应设法提高材料的利用率。

（4）采用组合结构。火车车轮是在一般材料的轮芯外部热套上一个硬度高而耐磨的轮箍，这种方法叫作局部品质原则。

（5）节约稀有材料。用普通的铝青铜代替锡青铜制轴瓦，用锰、硼系合金钢代替铬镍系合金钢等。

（6）材料的供应状况。选材时还应考虑到当时当地材料的供应状况。为了简化供应和储存的材料品种，对于小批量制造的零件，应尽可能地减少同一部机器上使用的材料品种和规格。

3.6　机器人软件系统设计

作为机器人系统的决策和智能控制单元，机器人编程语言是机器人系统软件的重要组成部分，其发展与机器人技术的发展同步。

3.6.1　机器人软件系统设计概要

现代技术的发展使各种设备功能更强大，数据处理速度成倍增加。与纯软件开发不同，嵌入式系统开发受硬件束缚，软件编程与产品有很大的相关性，因此在设计过程中，需要将软件设计的相关经验适当地调整，以适应嵌入式系统开发的特点。C语言的使用适应了这一要求，使人们能够更加规范地开发项目。这里选择一些对机器人嵌入式系统开发有指导意义的原则、方法和思想做一个简要介绍。

1. 确立工作项目

进行任何一项工作之前，必须要对它的可行性进行分析，其次要进行需求分析。如果要完成一个数据采集系统，就必须知道数据采集速度的要求，选用目前市场上的器件是否可以达到此要求。在认为可行的情况下，需要知道包括硬件、软件、程序开发包、调试的各种工具、需要使用的技术等信息。只有在这些基本需求得到满足的情况下才可以进行下一步设计。

2. 建立设计文档

不管软件还是硬件设计，经验教训告诉人们，只有建立完备的文档，才对工作步骤具有指导意义，为以后的调试和维护提供帮助。这里包括开始的设计文档及开发过程中的文档。

3. 合理的语言程序

用 C 语言写程序时,首先注意变量的命名要易于理解,命名的习惯要一致,至少在同一个项目中如此。其次,要适当地使用空格,使程序层次分明,增加可读性,这也利于程序的维护。最后,良好的注释也是必要的,对于程序中关键的部分,以及功能和作用需要详细注释出来。

4. 模块化设计

嵌入式系统应用时一般都是一个完整的最小系统,因此它会包括很多部分,各个部分要协调工作,将每个部分设计成模块会增加可读性,也利于调试。主要模块有初始化模块、数据采集模块(输入模块)、数据处理模块、时间模块、决策模块、操作控制模块、显示模块、通信模块、自检模块等。这些模块不都是必须的,可根据实际情况而定。

5. 系统可靠性设计

可靠性设计包括硬件可靠性设计和软件可靠性设计两方面。硬件可靠性技术是指看门狗电路,它通常是一块在有规律的时间间隔中进行更新的硬件,其更新一般由微控制器来完成。如果在一定间隔内没能更新看门狗,则看门狗将产生复位信号,重置复位微控制器。复位电平的宽度和幅度都应满足芯片的要求,并且要保持稳定。复位电平应与电源上的在同一时刻发生,即芯片一上电,复位信号就产生。如果没有经过复位,微控制器中的寄存器的值为随机值,上电时就会按 PC 寄存器中的随机内容开始运行程序,这样很容易进行误操作或进入死机状态。软件可靠性技术是指通过指定的软件算法,保证在硬件出现一些干扰信号的情况下仍然能够正常工作。例如,在一定时间内要输出一个控制信号,如果该信号只送出去一次,直到下一个控制信号出现,这段时间内如果有干扰信号,那么就会出现误动作。这时可以用采集每个周期都送出一次信号的办法迅速修正该误动作。在通信时,这种干扰信号会更多,这时保证信号的可靠性将变得更加重要。

6. 系统实施与仿真调试

在仿真前应做好充分的准备,嵌入式硬件仿真器给嵌入式系统开发者带来了极大的方便,同时也很容易造成人们的依赖性。很多时候,没有仿真器能促使人们写出更高质量的程序。完成工作的基础上,人们总结了在硬件仿真调试之前应做的准备工作:

(1) 程序编写完,应对代码仔细逐行检查,检查代码是否错误,是否符合编程规范。

(2) 对各个子程序进行测试。可以编制一个调用该子程序的代码,建立要测试子程序的入口条件,要真正运行,看它是否按预期结果输出。

(3) 软件仿真器功能十分强大。软件仿真可以防止因硬件的错误,如器件损坏、线路断路或短路,而引起调试的错误。

(4) 开始硬件仿真,记录仿真调试过程中的问题,建立相关文档。

7. 软件维护

软件维护与软件开发同样重要。新开发出来的系统很难一次成型,系统的要求或功能很可能会根据实际情况的变化而变化,这时就需要在一定程度上修改。程序的任何修改都需要记录下来,包括各个版本使用情况,做了什么样的改动,以及修正的错误等。只有这样,才能保证系统的可靠性和安全性,否则会在不知道已改动情况下,误操作或使用,造成不可想象的损失。

软件维护中还有一个十分重要的问题,当人们发现控制系统中出现的问题既可以通过软件算法避开或者解决，也可以通过硬件方式的调整来解决时，如果有可能的话，应该去修改硬件设计，因为可靠的硬件是整个系统正常运行的保证。

3.6.2　机器人软件系统总体设计

软件系统总体设计包括计算机配置设计、系统模块结构设计、数据库和文件设计、代码设计以及系统可靠性与内部控制设计等内容。

1. 嵌入式系统设计总体思路

基于操作系统的软件设计主要分为三个层次，即应用程序层、操作系统层和硬件驱动层，而需要设计的程序只是应用程序层和硬件驱动层。硬件驱动层主要提供各个硬件模块的功能接口，方便应用程序使用。用户在硬件驱动层的基础上编写应用程序，应用程序由操作系统进行管理。

2. 基于行为系统设计方法

移动机器人设计的最终目标是通过设计和编程实现机器人的自主移动，准确快速地完成给定的任务。在实现过程中，首先需要为机器人描述出希望它所执行的任务，然后据此列出其所应具备的物理功能，最后通过编写相应的软件使机器人完成这些任务。解决这种复杂问题的一种强有力的工具是简化法，也就是把比较困难的大问题分解成一系列比较简单的、易于理解和解决的小问题。这种简化过程需要遵循一个原则或依据一种方法。对于自主移动机器人来说，基于行为系统设计方法就是一个有效的解决途径。

采用基于行为系统设计方法需要为机器人设计一系列简单行为，这些行为相互协调，产生人们所需求的机器人整体行为。在这里，行为框图是一个非常有用的图形工具，它能够帮助人们理解机器人都做了些什么，以及机器人按照什么方式工作。

行为框图以图形方式表示基于行为的机器人的相关操作。从最高层次来看，机器人由感知单元、智能单元和执行单元组成。机器人的相关环境信息通过传感器传递给智能单元内部的一些基本行为模块。在机器人的整个任务执行过程中，包括巡线行为、拾取积木行为、投放积木行为和避障行为等基本行为。机器人利用仲裁器将这些基本行为模块所计算出的运动命令进行融合或选择，并将仲裁后的最终命令发送给电动机去执行。

基本的行为由一个触发单元和控制单元组成。其中，控制单元用来将感知信息转换为机器人所要执行的控制命令，而触发单元用来确定在什么情况下控制单元应该为机器人的执行器产生指令输出。基本行为的这两个组成单元都可以检测相同的或者不同的传感器信息，以便确定自己的动作。所以，在进行控制系统程序设计时，可以按照行为框图的基本行为将机器人的任务划分为一个个行为模块，完成程序模块设计后，最终完成整个控制系统软件的集成。

3.6.3　机器人软件系统开发工具简介

软件开发工具是用于辅助软件生命周期过程的基于计算机的工具。通常可以设计并实现工具来支持特定的软件工程方法，减少手工方式管理的负担。与软件工程方法一样，它们试图让软件工程更加系统化，工具的种类包括支持单个任务的工具及囊括整个生命周期的工具。

1. 基于工作阶段的工具

基于各个阶段对信息的需求不同，软件开发工具可分为三类：设计工具、分析工具、计划工具。

设计工具是最具体的,它是指在实现阶段对人们提供帮助的工具。各种代码生成器、一般所说的第四代语言和帮助人们进行测试的工具(包括提供测试环境或测试数据)等都属于设计工具之列。它是最直接帮助人们编写与调试软件的工具。

分析工具主要是指用于支持需求分析的工具,例如,帮助人们编写数据字典的、专用的数据字典管理系统;帮助人们绘制数据流程图的专用工具;帮助人们画系统结构图或 ER 图的工具等。它们不是直接帮助开发人员编写程序,而是帮助人们认识与表述信息需求与信息流程,从逻辑上明确软件的功能与要求。

计划工具则是从更宏观的角度去看待软件开发。它不仅从项目管理的角度帮助人们组织与实施项目,把有关进度、资源、质量、验收情况等信息有条不紊地管理起来,而且考虑到项目的反复循环、版本更新,还实现了跨生命周期的信息管理与共享,为信息以及软件的复用创造了条件。

2. 基于集成程度划分的工具

集成化程度是用户接口一致性和信息共享的程度,是一个新的发展阶段。集成化的软件开发工具要求人们对于软件开发过程有更深入的认识和了解。开发与应用集成化软件开发工具是应当努力研究与探索的课题,集成化软件开发工具也常称为软件工作环境。

3. 基于硬件、软件的关系划分的工具

基于与硬件和软件的关系,软件开发工具可以分为两类:依赖于特定计算机或特定软件(如某种数据库管理系统)和独立于硬件与其他软件的软件开发工具。一般来说,设计工具多依赖于特定软件,因为它生成的代码或测试数据不是抽象的,而是具体的某一种语言代码或该语言所要求的格式数据。分析工具与计划工具则往往独立于机器与软件,集成化的软件开发工具常常依赖于机器与软件。

4. 基于应用领域划分的工具

根据应用领域的不同,应用软件可以分为事务处理、实时应用、嵌入式应用等。随着个人计算机与人工智能的发展,与这两个方面相联系的应用软件也取得较大的进展。

3.6.4 机器人软件系统开发工具的分类

软件系统开发工具可分为以下几类:

(1) 软件需求工具,包括需求建模工具和需求追踪工具。

(2) 软件设计工具,用于创建和检查软件设计,因为软件设计方法的多样性,这类工具的种类很多。

(3) 软件构造工具,包括程序编辑器、编译器和代码生成器、解释器和调试器等。

(4) 软件测试工具,包括测试生成器、测试执行框架、测试评价工具、测试管理工具和性能分析工具。

(5) 软件维护工具,包括理解工具(如可视化工具)和再造工具(如重构工具)。

(6) 软件配置管理工具,包括追踪工具、版本管理工具和发布工具。

(7) 软件工程管理工具,包括项目计划与追踪工具、风险管理工具和度量工具。

(8) 软件工程过程工具,包括建模工具、管理工具和软件开发环境。

(9) 软件质量工具,包括检查工具和分析工具。

第 4 章

CHAPTER 4

智能车机器人本体设计

　　本章对智能车系统的总体结构进行分析,从硬件选型角度对组成系统的直流电动机、电源、主控,以及传感器等模块的功能、参数和使用方法做较为详细的描述,最后给出各个模块在智能车中的安装说明图,以便读者能更加了解系统中电源分配情况以及主控模块对其他各个模块实行控制的方式,从而实现智能车最终的功能。

4.1　智能车的底盘安装设计

　　如图 4-1 所示,底盘部分的安装主要是车轮、电动机以及驱动板等部件的安装。下面对机器人的底盘部分进行详细介绍。

图 4-1　基于 SolidWorks 机器人整体 3D 立体建模

4.1.1　智能车的底盘部分组成

　　该服务机器人采用无线遥控,可陪同孩子进行室内活动,实时监测家庭环境,还可实现避障与实时监控相结合,能更好地在家庭环境中工作,其机械系统结构基于模块化设计。图 4-2 展示了该服务机器人的结构,机械系统由底盘模块、机身模块、臂部与手部模块组成。底盘部分主要由电动机与车轮轴串联而成。

　　图 4-2 中的机械结构展示中,机器人根据智能分层递阶体系结构将系统结构分为组织级、协调级和执行级。中央处理单元作为系统的组织级,具有最高的智能程度,用于发送舵机控制指令,根据传感器传递回的信息进行数模转换;WiFi 和 PC 控制作为协调级,直接控制舵机的位置、速度,接收智能级指令;机械手、各类传感器等作为系统末端执行级,直接与

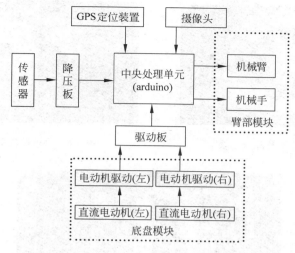

图 4-2 机器人整体设计图

外界环境进行交互传递信息,负责舵机、摄像头、显示屏的驱动等。

底盘部分是智能车安装最先进行的工序,底盘部分主要是由四个轮子、四个直流电动机、驱动板、主控板和电池组成。车轮由直流电动机驱动,每个电动机控制一个轮子的前进与倒退,而电动机轴与车轮之间采用深沟球轴承来支撑,深沟球轴承既能降低其运动过程中的摩擦系数,又能保证其回转精度。

根据第 3 章中对于行走机构的分析,这里将智能小车底盘机构设计为四轮行走形式的轮式机器人,并且采用四轮独立驱动方式。这种行走机构具有的优点是四轮行走底盘比较稳定;四轮独立驱动,可实现转弯半径为零。其前端抓取物体的机构调整的幅度更小,更容易对准,特别适用于重心靠中的机器人。

4.1.2 智能车的底盘安装过程

第一步:将四个电动机固定于下层金属板上,如图 4-3 和图 4-4 所示。

图 4-3 电机座的安装

图 4-4 将电动机安装于金属板上

第二步:将降压和升压模块安装到金属板上,如图 4-5 所示。

第三步:将电池、驱动板、主控板安装于金属板上,如图 4-6 和图 4-7 所示,并将驱动板、主控板线路连接好。线路连接是底盘安装程序中很重要的一步,机器人安装完成之后,若是机器人不能正常运行,那么就需要进行检查,而线路连接错误就是需要着重检查的部分。

图 4-5　安装升压及降压模块

图 4-6　将电池安装于金属板上

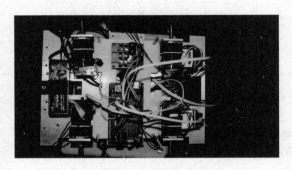

图 4-7　安装主控板与驱动板

第四步：将车轮与电动机连接好，电动机与轮子的连接采用直连方式，并用螺钉将其固定，底盘部分安装基本完成，如图 4-8 和图 4-9 所示。电池与电源开关相连，电池电压分成 6V 和 9V，分别连接于机械模块和主控板，经过升压模块的转换将电压放大，动力由驱动板提供给四个电动机，驱动车轮的转动。

图 4-8　将轮子安装于底盘部分

图 4-9　基于 SolidWorks 的底盘装配图

4.1.3　车轮部件的特点

智能车的车轮采用孔板式，其优点在于相同半径的圆形和孔板式车轮用相同材料制作，孔板式车轮质量小，转动惯量也小；相同的转矩作用能产生更大的角加速度，所以加速比较快；由于质量小，与地面的摩擦力也小，行驶过程中能达到更大的速度，在相同马力的情况下，也大大降低了成本；轮子表面材料为全新弹力胶，有助于缓冲减小阻尼振动，轮宽 33mm，内孔直径为 10mm，外孔直径为 40mm；中间轴配双轴承，轴承采用角接触轴承。轮子与电动机采用直连方式，由于是直接驱动，减少了中间带连的设备附件，具有以下优点：

（1）设备中间环节减少，降低了出故障的概率（零件越少，故障率就相对降低），减少成本(购买成本、维修成本),节约资源。

(2) 直接联动可降低中间传动能量的损耗提高效率。

(3) 操作简单,可靠性强。

(4) 设备维修方便,便于管理。

4.2　系统硬件组成及安装说明

自第一台工业机器人诞生以来,机器人的发展已经遍及机械、电子、冶金、交通、宇航、国防等领域。近年来机器人的智能水平不断提高,并且迅速地改变着人们的生活方式。在人们不断探索、改造、认识自然的过程中发展起来的智能车引起了众多学者的广泛关注和极大的兴趣。

如图 4-10 所示,本教材设计的智能车通过融合超声波传感器、红外测距传感器、火焰传感器、电子罗盘等模块,实现对自身运动的闭环控制以及避障功能,并能检测外界环境,如探测火源,进行障碍物远近的检测。与此同时,小车上安装的机械臂也可以在指定的位置灵活抓取一定重量的物体。智能车的系统总体结构如图 4-11 所示。

图 4-10　智能车成品

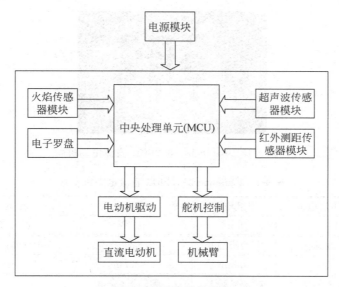

图 4-11　系统总体结构

图 4-11 中,主要模块功能如下:

(1) 电源模块。由锂电池组(14.8V/2600mAh)和 DC-DC 电源转换模块组成,对锂电池组电平转换并提供稳压输出,为系统各模块可靠供电。

(2) 中央处理单元。以 Arduino 控制板为核心控制器,完成传感器信息的分析处理,决策直流电动机及机械臂舵机的控制。

(3) 超声波传感器模块。超声波测距传感器用来采集路况信息,并反馈给中央处理单元进行决策。

（4）红外测距传感器模块。红外测距传感器用来进行障碍物远近的检测、搜索和跟踪，确定其空间位置并最终对它的运动进行跟踪或实现测距抑或避障功能。

（5）舵机控制模块。控制器输出 PWM 信号进行伺服舵机角度控制，从而实现对舵机构成自由度的机械臂的控制。

（6）电动机驱动模块。根据控制器输出的 PWM 信号通过电动机驱动模块进行直流电动机的转速和方向控制。

（7）电子罗盘模块。电子罗盘可以将感受到的地磁信息转换为数字信号输出给控制器，使小车有方向感，实现相对于出发点位置的自身位置确定。

（8）火焰传感器模块。火焰传感器是机器人专门用来搜寻火焰的传感器，当然火焰传感器也可以用来检测光源的存在，从而检测发光二极管的位置，结合对机械臂的控制，实现智能小车运行至指定位置抓取实物的功能。

4.2.1 直流电动机及驱动模块的选型

1. 直流电动机

本智能车采用直流电，其型号是德国冯哈勃 Faulhaber 带编码器空心杯减速电动机 2342L012（如图 4-12 所示），该直流电动机额定电压为 12V，输出功率为 17W，输出转矩大，减速比高，适用于智能车中转速反馈控制。具体参数如表 4-1 所示。

图 4-12　Faulhaber2342L012 直流电动机

表 4-1　Faulhaber2342L012 直流电动机参数

额定电压	额定电流	空载电流	输出功率	转矩	减速后转速
12V	1400mA	75mA	17W	1.72N•m	120r/min
空载转速	减速比	电动机总长	电动机直径	电动机长度	减速箱直径
8100r/min	64:1	85mm	30mm	42mm	34mm
减速箱长度	减速箱轴径	减速箱轴长	编码器（光电）		
25mm	6mm	35mm	输出：AB 双路输出 每圈脉冲：12CPR		

2. 驱动模块

本书所提到的智能车采用了两种驱动方式，即开环方式控制小车驱动方式和闭环方式控制小车驱动方式。

1）采用开环方式控制小车的运行

采用开环方式控制小车运行选用的驱动模块是 160W（24V/7A）双路直流电动机驱动

模块。该模块的功能特点有：

(1) 极小的尺寸,仅 5.5cm×5.5cm。

(2) 支持电压 7～24V,欠压保护。

(3) 双路电动机接口,每路额定输出电流 7A。

(4) 类似 L298 控制逻辑,每路都支持三线控制使能、正反转及制动。

(5) 使能信号可外接 PWM,正反转控制信号可串联限位开关。

(6) 控制信号使用灌电流驱动方式,支持绝大多数单片机直接驱动。

(7) 使用光耦对全部控制信号进行隔离。

(8) 有静电泄放回路。

接口定义如图 4-13 所示。

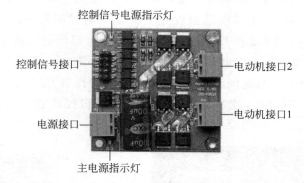

图 4-13 直流电动机驱动模块的接口定义

控制信号逻辑如表 4-2 和表 4-3 所示。

表 4-2 电动机接口 1 控制信号逻辑

IN1	IN2	ENA	OUT1、OUT2 输出
0	0	×	刹车
1	1	×	悬空
1	0	PWM	正转调速
0	1	PWM	反转调速
1	0	1	全速正转
0	1	1	全速反转

注：输入信号悬空时为高电平

表 4-3 电动机接口 2 控制信号逻辑

IN3	IN4	ENB	OUT3、OUT4 输出
0	0	×	刹车
1	1	×	悬空
1	0	PWM	正转调速
0	1	PWM	反转调速
1	0	1	全速正转
0	1	1	全速反转

注：输入信号悬空时为高电平

直流电动机驱动模块与主控模块的接线示意图如图 4-14 所示,这是一种对直流电动机控制的开环控制方式。这种控制方式简单,容易实现,但是因为是开环控制方式,可能出现智能小车两边车轮速度不一致的问题。为此考虑了可以很好地解决以上问题的闭环控制方式。

2) 采用闭环方式控制小车的运行

采用闭环方式需要用到如图 4-15 所示的电动机驱动模块。这是一块 Neurons 智能PID 电动机驱动模块,其自带的控制器可以进行 PID 运算、梯形图控制,由板上的 L298N来进行直流电动机驱动的智能模块。它是一个驱动＋闭环控制的模块,而非简单的驱动。与其他电动机驱动模块相比,本智能模块包含了电动机的驱动和智能控制。如要求小车往前行进一定距离时,本模块配合带有编码器的直流电动机能通过 PID 更为准确地控制电动机行进的距离,而不是仅通过存在很大误差的时间控制。使用本模块,只通过串口发送 8 个字节的命令(或者 I2C 接口 5 个字节)就可以控制双路电动机(带编码器)的正反转速度,甚至可以直接设定电动机的运动距离。两路电动机的 PID 参数和梯形图参数都可以分别进行设定。与此同时,本模块拥有丰富的控制方式,利用自己现有的条件,通过上位机控制、单片机串口控制或者是单片机 I2C 口控制这三种控制方式中的一种即可。

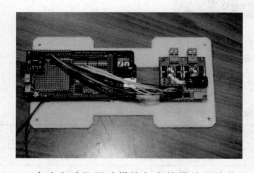

图 4-14　直流电动机驱动模块与主控模块的接线示意图　　　　图 4-15　闭环驱动模块

4.2.2　电源及稳压模块的选取

本智能车采用锂电池组进行供电,选用航模锂电 ACE 格式电池 4S(14.8V/2600mAh,如图 4-16 所示),其持续放电倍率有 25C,5C 快速充电,具有高倍率、安全、绿色环保等特点。

在稳压方面,考虑到高效转换率和输入/输出电压范围以及大电流的因素,选用两块12V、24V 转 6V、5V 的 30W 电源转换器 DC-DC 降压模块,使其分别将电池组电压经过降压模块降压至 6V 给机械臂中的舵机供电以及降压至 9V 给主控模块供电(如图 4-17 所示)。另外,选购一块 12V 转 19V/4A 升压器,它同样是一款 DC-DC 电源转换器,用它将电池组电压转成 24V 给直流电动机供电。这两款 DC-DC 转换器高品质、足功率、防震、防潮等性能保证了整个智能小车电源电路系统的可靠运行。

图 4-16 格式电池组

图 4-17 DC-DC 电源转换器

4.2.3 主控模块

Arduino 是一款便捷灵活、开源软硬件产品。它具有丰富的接口,有数字 I/O 口、模拟 I/O 口,同时支持 SPI、I2C、UART 串口通信。它能通过各种各样的传感器来感知环境,而且通过控制灯光、电动机和其他装置来反馈、影响环境。它没有复杂的单片机底层代码,没有难懂的汇编,只有简单而实用的函数和简便的编程环境 IDE,自由度极大,可拓展性能非常高。考虑到智能车的要求没有那么高,所以最终选用了 Arduino 控制板(如图 4-18 所示),外加 Arduino MEGA Sensor Shield V2.4 扩展板(如图 4-19 所示)。该 Arduino 扩展板具有 3 个 Xbee 无线接口、1 个 microSD 接口、40 个数字口、10 个模拟口、8 个 PWM 口,功能十分强大。

图 4-18 Arduino 主控模块

图 4-19 Arduino MEGA Sensor Shield V2.4 扩展板

1. Arduino 控制器

这里选用的 Arduino Mega2560 是采用 USB 接口的核心电路板,它最大的特点就是具有多达 54 路数字输入/输出,特别适合需要大量 I/O 接口的设计。Mega2560 的处理器核心是 ATmega2560,同时具有 54 路数字输入/输出口(其中 16 路可作为 PWM 输出)、16 路模拟输入、4 路 UART 接口、1 个 16MHz 晶体振荡器、1 个 USB 口、1 个电源插座、1 个 ICSPheader 和 1 个复位按钮。Arduino Mega2560 也能兼容为 Arduino UNO 设计的扩展板。Arduino Mega2560 已经发布到第 3 版,与前两版相比有以下新的特点:

(1) 在 AREF 处增加了两个引脚 SDA 和 SCL,可支持 I2C 接口;增加 IOREF 和一个预留引脚,将来扩展板能兼容 5V 和 4.3V 核心板。

(2) 改进了复位电路设计。

(3) USB 接口芯片由 ATmega16U2 替代了 ATmega8U2。

(4) 处理器 ATmega2560。

(5) 工作电压 5V。

(6) 输入电压(推荐)7～12V。

(7) 输入电压(范围)6～20V。

(8) 数字 I/O 脚 54 路(其中 16 路作为 PWM 输出)。

(9) 模拟输入脚 16 路。

(10) I/O 脚直流电流 40mA。

(11) 3.3V 脚直流电流 50mA。

(12) Flash Memory 256KB(ATmega328,其中 8KB 用于 boot loader)。

(13) SRAM 8KB。

(14) EEPROM 4KB。

(15) 工作时钟 16MHz。

Arduino Mega2560 可以通过三种方式供电,且能自动选择供电方式。它们分别是外部直流电源通过电源插座供电;电池连接电源连接器的 GND 和 VIN 引脚;USB 接口直接供电。这里主要利用第二种供电方式,即电池组经过降压模块降压再连接 Mega2560 的电源引脚 VIN,通过此引脚向 Mega2560 直接供电。

Arduino Mega2560 拥有串口、TWI(兼容 I2C)接口、SPI 接口这三种通信接口与外部设备进行通信。在本次设计的智能小车中,用到 I2C 接口与电子罗盘通信,串口与 Neurons 智能PID 电动机驱动模块通信,因为 Arduino Mega2560 上的 ATmega 2560 已经预置了 boot loader程序,因此可以通过 Arduino 软件直接下载程序到 Mega2560 中,给用户带来便捷。

2. Arduino 扩展板

Arduino Mega2560 的扩展板选用的是 MEGA Sensor Shield V2.4,主要考虑到该扩展板集市面上各种扩展板优点于一体所设计。采用 PCB 沉金工艺加工,主板不仅将全部数字与模拟接口以舵机线序形式扩展出来,还特设蓝牙模块通信接口、SD 卡模块通信接口、APC220 无线射频模块通信接口以及 RBURFv1.1 超声波传感器接口,独立扩出更加易用方便。这款传感器扩展板是真正意义上的将电路简化,能够很容易地将常用传感器连接起来。一款传感器仅需要一种通用 3P 传感器连接线(不分数字连接线与模拟连接线),完成电路连接后,编写相应的 Arduino 程序下载到 Arduino MEGA 控制器中读取传感器数据或者接收无线模块回传数据,经过运算处理,最终轻松完成自己的互动作品。其特性如下:

(1) 兼容大部分 Arduino 扩展板。

(2) 兼容 Arduino 核心控制板、DFRobot megaADK、Arduino megaADK。

(3) 四串口扩展 TTL 连接引脚。

(4) DIP 原型区域可以很容易地添加更多的模块或电子元件。

(5) 三个 Xbee 模块接口。

(6) 一个微型 SD 卡接口。

(7) Arduino Mega 与外部之间具有电源开关。

4.2.4 传感器模块

传感器是机器人不可或缺的体外感知模块,机器人的传感器模块应用了超声波传感器、红外测距传感器、火焰传感器、电子罗盘等很多种类的传感器。下面着重介绍其中几款应用较多的传感器。

1. 超声波传感器

超声波传感器的原理是超声波由压电陶瓷超声波传感器发出后,遇到障碍物便反射回来,再被超声波传感器接收。超声波传感器可以利用这个原理进行避障。超声波模块具有四个引脚 Vcc、Trig、Echo、Gnd,它们与主控板的接线方式为:Vcc 接 5V 电源;Trig(控制端)和 Echo(接收端)均接单片机 I/O 口;Gnd 接地。目前,市场上的超声波传感器类型很多,这里选了以下两款:

一款是 HC-SR04 超声波模块,其使用电压为直流 5V,静态电流小于 2mA,探测距离为 2～450cm,精度可达 3mm,如图 4-20 所示。

另一款是 Grove-Ultra sonic Ranger(如图 4-21 所示),该传感器工作电流为 15mA,超声频率为 42Hz,测量范围为 3～400cm,误差有 1cm,PWM 输出制式。它采用高质量的 PCB 板并使用全贴片精密电阻,确保电路稳定可靠。考虑到第一款超声波传感器模块感应角度不大于 15°,测量范围小,加上测量的精度不是很高,后期选用稳定、可靠性能更好的第二款超声波传感器。

图 4-20　HC-SR04 超声波模块

图 4-21　Grove-Ultra sonic Ranger

2. 红外测距传感器

红外测距传感器是用红外线为介质的测量系统。它具有一对红外信号发射与接收二极管,利用红外测距传感器 LDM301 发射出一束红外光,在照射到物体后形成一个反射的过程,并反射到传感器后接收信号,然后利用 CCD 图像处理接收发射与接收的时间差的数据,最终经信号处理器处理后计算出物体的距离。利用这个原理,可采用红外传感器实现小车测距功能。如图 4-22 所示选用 GP2D12 夏普红外测距传感器,其性价比高、功耗小、体积小、测距效果好,可测量射程范围为 10～80cm,能够很好地实现小车的测距避障功能。

图 4-22　GP2D12 夏普红外测距传感器

3. 火焰传感器

火焰传感器利用红外线对火焰敏感的特点,使用特制的红外线接收管来检测火焰,然后把火焰的亮度转化为高低变化的电平信号输入到中央处理器中,中央处理器根据信号的变化做出相应的程序处理。火焰传感器是专门用来搜寻火源的传感器,也可以用来检测光线的亮度,它对火焰的感知更灵敏。

利用火焰传感器检测火焰及波长在 460～800nm 范围内的光源,选用的火焰传感器探测角度在 40°左右,对火焰光谱特别灵敏,输出信号干净,波形好,驱动能力强(如图 4-23 所示)。

4. 电子罗盘

传统罗盘用一根被磁化的磁针来感应地球磁场,地球磁场与磁针之间的磁力使磁针转动,直至磁针的两端分别指向地球的磁南极与磁北极。同理,电子罗盘只是把磁针换成了磁阻传感器,然后将感受到的地磁信息转换为数字信号输出给用户使用。电子罗盘作为智能小车的导航装置起到方位识别、定位的作用。

如图 4-24 所示选用三轴磁场 HMC5883L 模块的电子罗盘,其测量范围是 ±1.3-8Gauss。利用此电子罗盘可以使小车具有方向感,实现相对于出发点位置的自身位置确定。

图 4-23　火焰传感器

图 4-24　HMC5883L 电子罗盘

最终智能小车的硬件总体安装示意图如图 4-25 所示。

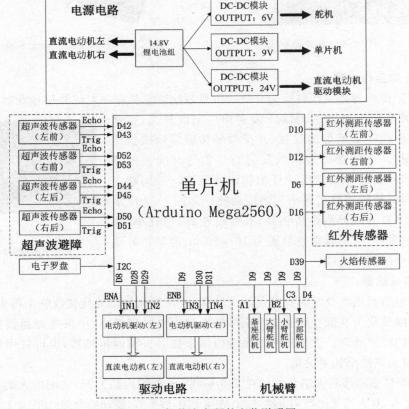

图 4-25　智能小车硬件安装说明图

4.3 智能车的机械臂设计

4.3.1 机械臂材料选择

基于成本考虑,机械臂采用的 PVC 材料是塑料装饰材料的一种,也是聚氯乙烯材料的简称。PVC(poly vinyl chloride)树脂是由氯乙烯单体(vinyl chloride monomer,VCM)聚合而成的热塑高聚物,是以聚氯乙烯树脂为主要原料,并加入适量的抗老化剂、改剂等,经混炼、压延、真空吸塑等工艺而成。

PVC 属无定形聚合物,含结晶度 5%～10% 的微晶体(熔点 175℃)。PVC 的分子量、结晶度、软化点等物理特性能随聚合反应条件(温度)而变。以 PVC 树脂为基料,与稳定剂、增塑剂、填料、着色剂及改剂等多种助剂混合经塑化、成型加工而成 PVC 树脂塑料。PVC 材料具有轻质、隔热、保温、防潮、阻燃、施工简便等特点。它的规格、色彩、图案繁多被广泛运用于生产和生活中,例如 PVC 水管,PVC 塑料门窗,以及含有 PVC 的塑料玩具、电线电缆等。一般的 PVC 树脂塑料制品突出优点是难燃、耐磨、抗化学腐蚀、气体水汽低、渗漏好。此外,综合机械能、制品透明、电绝缘、隔热、消声、消震也好,是性价比最为优越的通用型材料。

4.3.2 机械臂结构特征

机械臂是机器人的关键部件,如图 4-26 所示。机械手臂是目前在机器人技术领域中得到最广泛实际应用的自动化机械装置,在工业制造、医学治疗、娱乐服务、军事、半导体制造以及航天探索等领域都能见到它的身影。尽管它们的形态各有不同,但却有一个共同的特点,就是能够接收指令,精确地定位到三维(或二维)空间上的某一点进行作业。

机器人安装最后进行的工序一般是臂部与手部模块的安装。臂部与手部模块主要是由机械臂和机械手组成,机械臂部分采用多连杆机构连接,由三块舵机来控制它的空间运动。这三块

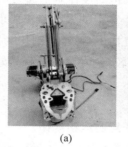

(a)   (b)

图 4-26 组合的机械手与机械臂

舵机分别控制机械臂的旋转运动、机械大臂的伸缩运动和机械小臂的伸缩运动。机械手由黄色金属柱固定于机械臂上,它由单独的一块舵机控制,实现最重要的抓取动作。

1. 机械手臂的轴承

轴承(bearing)是当代机械设备中的一种重要零部件。它的主要功能是支撑机械旋转体,降低其运动过程中的摩擦系数,并保证其回转精度。

机械臂中多处采用深沟球轴承,它主要承受径向载荷,同时也可承受小的轴向载荷。当量摩擦系数最小,高速旋转时,可用来承受纯轴向载荷。轴承允许内圈轴线与外圈轴线的角度误差(倾斜度)偏斜量≤8′～16′,如果量产,价格最低。采用深沟球轴承的优点如下:

(1) 深沟球轴承是最常用的滚动轴承,也是最具代表性的滚动轴承。它用途广泛,适用于高转速甚至极高转速的运行,而且非常耐用,无须经常维护。该类轴承尺寸、范围与形式

变化多样,摩擦系数小,极限转速高,结构简单,制造成本低,易达到较高制造精度。

（2）与滑动轴承相比,一般条件下深沟球轴承的优点包括滚动轴承的效率和液体动力润滑轴承相当,但较混合润滑轴承要高一些;径向游隙比较小,向心角接触轴承可用预紧力消除游隙,运转精度高;对于同尺寸的轴径,滚动轴承的宽度比滑动轴承小,可使机器的轴向结构紧凑。

2. 机械手臂的连杆机构

连杆机构的作用归纳起来有如下两种:

（1）实现一定的运动规律。当主动杆运动规律一定时,从动杆相应地按给定的运动规律运动。

（2）实现一定的轨迹。要求机构中做复杂运动的构件上某一点准确或近似地沿给定轨迹运动。

臂部与手部模块是典型的多连杆机构。连杆机构的应用十分广泛,它不仅应用在众多的工农行业机械和工程机械中,而且在诸如人造卫星太阳能板的展开机构、机械手的传动机构、折叠伞的收放机构及人体假肢等方面也都大量使用。连杆机构具有以下传动特点。

优点:

（1）能够实现多种运动形式的转换。它可以将原动件的转动转变为从动件的转动、往复移动或摆动,反之,也可将往复移动或摆动转变为连续地转动。

（2）平面连杆机构的连杆做平面运动,平面上各点有多种多样的运动轨迹曲线,利用这些轨迹曲线可实现生产中的多种工作要求。

（3）平面连杆机构中,各运动副均为面接触,传动时受到单位面积上的压力较小,且有利于润滑,所以磨损较轻,寿命较长。另外,由于接触面多为圆柱面或平面,制造比较简单,易获得较高的精度。

缺点:

（1）难以实现任意的运动规律。

（2）惯性力难平衡（构件做往复运动和平面运动）,易产生动载荷。

（3）设计复杂。

（4）积累误差（低副间存在间隙）,且效率低。

3. 机械手臂使用的舵机

结构材质:金属铜齿,空心杯电动机,双滚珠轴承。

连接线长度:30cm、信号线（黄线）、红线（电源线）、暗红（地线）。

尺寸:40.7mm * 19.7mm * 42.9mm。

质量:55g。

反应转速:无负载速度 0.17s/60°(4.8V)、0.13s/60°(6.0V)。

堵转工作电流:1450mA。

工作死区:$4\mu s$。

插头规格:JR FUTABA 通用。

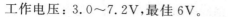

工作电压：3.0～7.2V，最佳6V。

工作转矩：19kg/cm。

使用温度：－30～＋60℃。

该款数字舵机内部伺服控制板采用单片机MCU控制，这是与传统模拟舵机的主要区别，但它们的控制方式相同，都是PWM脉宽型调节角度，周期20ms，占空比0.5～2.5ms的脉宽电平对应舵机0°～180°角度范围，且成线性关系。数字舵机与模拟舵机的最大区别是带锁定功能，给一次PWM脉宽，舵机输出角度可锁定，直到下次给不同的角度脉宽或者断电才可以改变角度（模拟舵机则不具有该功能）。另外，控制精度高、线性度好，与控制协议严格一致，输出角度准确且响应速度快是数字舵机品质好的重要原因。通常舵机控制器采用500～2500数值对应舵机控制输出角度的占空比0.5～2.5ms的范围，这样该款数字舵机的控制精度理论值可达到0.09°，而实际上由于舵机齿轮组间的间隙存在，该款舵机的最小控制精度能达到0.9°，相对于控制量最小调节单元值为10。

4. 机械臂整体特点

（1）可负载300g左右，大小臂夹角越小承重越大。

（2）模拟真实码垛机械臂结构，模型化细节。

（3）机架采用PVC材质、数控加工而成。

（4）采用3个MG996r金属铜齿轮13kg/cm工作转矩180°舵机。

（5）所有活动部位（关节）均由优质轴承连接，改装螺丝若干。

（6）机械臂使用的是模型舵机，侧重教学与试验，也可在流水线工作。

（7）机械臂舵机用的是普通减速齿轮，大臂舵机的齿轮间隙表现在腕部有4mm左右的自由行程。

（8）机械臂生产工艺流程简单，成本低廉。

4.4 基于C语言的控制程序编写实例

实践证实可将控制算法通过C语言的编写体现在实际案例中，也可将理论与实际相结合，认识C程序基本语法中的变量、常量、语句、控制结构和函数等概念。理解结构化程序设计的三种基本结构；知道程序设计的过程，并运用到程序设计中；理解C语言函数的作用，并运用主函数、输入/输出函数解决简单问题。在下述案例中通过一个具体的智能车系统来对控制程序进行编写。

4.4.1 智能车开环控制及程序设计

1. 控制方法简介

对直流电动机（车轮）的驱动控制过程中采用了两种控制方法：开环控制和闭环控制。该小车开环控制和闭环控制的区别是驱动板不同，因此它们的C语言设计更是不尽相同。

开环控制是指控制装置与被控对象之间只有顺向作用而没有反向联系的控制过程，按这种方式组成的系统称为开环控制系统。其特点是系统的输出量不会对系统的控制作用发生影响，不具备自动修正的能力。开环控制的输入可分为给定值输入和干扰输入。

闭环控制是将输出量直接或间接反馈到输入端形成闭环参与控制的控制方式。由于干扰的存在,使得系统实际输出偏离期望输出,系统自身便利用负反馈产生的偏差所取得的控制作用再去消除偏差,使系统输出量恢复到期望值上,这正是反馈工作原理。

2. 程序设计

开环控制所用驱动板型号为 AQMH2403ND,闭环控制所用驱动板型号为 TMS320F28035PNT,它们的相关参数及使用方法在电气部分已经介绍过,这里就不再赘述。开环控制参考程序如下:

```
    automove();
    }
    }
    voidautomove()
    {
setcmd('e', -62000);
    setcmd('E',62000);
    delay(1800);                          //右拐
    setcmd('m',forward);
    setcmd('M',forward);
    while(juli2(left)>50&&juli(qianr)<80&&juli(qianl)<80);
    setcmd('m',0);setcmd('M',0);
    if(juli2(left)<100)
    {setcmd('m',forward);setcmd('M',forward);
    delay(1000);
    setcmd('e',62000);
    setcmd('E', -62000);delay(1800);}    //左拐90
    elseif(juli(qianl)>80||juli(qianr)>80)
{
//setcmd1('m', -500);
    setcmd1('M',500);
    setcmd2('m',500);
    setcmd2('M', -500);
    delay(800);
    setcmd('e', -62000);
    setcmd('E',62000);
    delay(1800);                          //左拐90
    }
    setcmd('m', -500);
    setcmd('M', -500);
    }
    intjuli(intx){
    inti,j;
    intd_temp;
    intd_sum = 0;
    floataverage;
    floatvariance = 0;
    intd10];
    for(i = 0;i<10;i++){
    d[i] = analogRead(x);
```

这段程序主要实现机器人在规定的路线下抓取一定质量的物品。

4.4.2 智能车闭环控制及程序设计

闭环控制参考程序如下：

```
int juli(intx)
{
inti,j;
intd_temp;
intd_sum = 0;
floataverage;
floatvariance = 0;
intd10];
for(i = 0;i < 10;i++){
di] = analogRead(x);
delay(5);
}
//采样值从小到大排列(冒泡法)
for(j = 0;j < 9;j++){
for(i = 0;i < 9 - j;i++){
if(di]> di + 1]){
d_temp = di];
di] = di + 1];
di + 1] = d_temp;
}
}
}
//去除最大最小极值后求平均
for(i = 0;i < 10;i++)d_sum += di];
average = d_sum/10;
for(i = 0;i < 10;i++)
{
variance = variance + (di] – average) * (di] – average);
}
//求该组数据的方差
variance/ = 10;
//Serial.println(variance);
if(variance < 60)
//要求方差小于 60,否则返回 0
return(average);
else
return(0);
}
```

4.4.3 声呐传感器的控制程序设计

声呐模块的控制原理如下：

（1）采用 I/O 触发测距，需要提供至少 $10\mu s$ 的高电平信号（实际 25s 最佳）。

（2）模块自动发送 8 个 50kHz 的方波，自动检测是否有信号返回。

（3）当有信号返回，通过 I/O 输出一高电平，高电平持续的时间就是超声波从发射到返回的时间。

$$测试距离 ＝（高电平时间 \times 声速）/2$$

式中，声速为 340m/s。

该模块使用方法简单，一个控制口发一个 $10\mu s$ 以上的高电平，就可以在接收口等待高电平输出。一有输出就可以开定时器计时，当此口变为低电平时就可以读定时器的值，此值就是此次测距的时间，由此可算出距离。如此不断地周期测量，就可以达到移动测量的值。

在小车上安装声呐模块根据其工作原理可以有效地进行测距避障。实际传感器常用的超声波模块有 HC-SR04（未带温度补偿）和 US-100（自带温度补偿）两种。虽然 HC-SR04 采用的是电平触发方式，而 US-100 则支持电平触发与串口两种方式，但是两者的使用方法却一样。实践发现，US-100 的精度特别高。下面是 HC-SR04 和 US-100 的主要技术参数：

1. HC-SR04 的主要技术参数

（1）使用电压：DC5V。

（2）静态电流：小于 2mA。

（3）电平输出：高 5V。

（4）电平输出：低于 0V。

（5）感应角度：不大于 15°。

（6）探测距离：2～450cm。

（7）高精度：可达 3mm。

（8）接线方式：VCC、trig（控制端）、echo（接收端）、GND 地线。

2. US-100 的主要技术参数

（1）使用电压：DC2.4～5.5V。

（2）静态电流：小于 2mA。

（3）测温范围：$-45～+85℃$。

（4）测距工作温度范围：$-20～+70℃$。

（5）输出方式：电平或 UART。

（6）感应角度：不大于 15°。

（7）探测距离：2～450cm。

（8）探测精度：$(1+0.01)\times0.3$cm。

4.4.4 红外传感控制程序

红外传感模块是一个距离测量传感器装置，由 PSD 集成组合（位置敏感探测器）、IRED（红外发光二极管）和信号处理电路形成物体的反射率。由于采用了三角测量法，环境温度和操作持续时间不容易影响距离的检测。该装置输出电压对应于检测距离。

三角测量原理是红外发射器按照一定的角度发射红外光束，当遇到物体以后，光束会反射回来。反射回来的红外光线被 CCD 检测器检测到以后,会获得一个偏移值 L,利用三角关系,在知道了发射角度 α、偏移距 L、中心矩 X 以及滤镜的焦距 f 以后,传感器到物体的距离 D 就可以通过几何关系计算出来。利用红外传感同样可以起到测距避障的功能。

4.4.5 火焰传感控制程序

1. 火焰传感模块的特点

(1) 可以检测火焰或者波长在 $760\sim1100$nm 范围内的光源,打火机测试火焰距离为80cm,火焰越大,测试距离越远。

(2) 探测角度 60°左右,对火焰光谱特别灵敏。

(3) 灵敏度可调。

(4) 比较器输出信号干净,波形好,驱动能力强,超过 15mA。

(5) 配可调精密电位器调节灵敏度。

(6) 工作电压 $3.3\sim5$V。

(7) 输出形式:DO 数字开关量输出(0 和 1)和 AO 模拟电压输出。

(8) 设有固定螺栓孔,方便安装。

(9) 小板 PCB 尺寸为 3.2cm$\times1.4$cm。

(10) 使用宽电压 LM393 比较器。

2. 模块使用及控制

(1) 火焰传感器对火焰最敏感,对普通光也有反应,一般用做火焰报警等用途。

(2) 小板输出接口可以与单片机 I/O 口直接相连。

(3) 传感器与火焰要保持一定距离,以免高温损坏传感器。小板模拟量输出方式和 AD 转换处理可以获得更高的精度。

声呐模块、红外传感模块、火焰传感模块虽然都起着测距避障的作用,但是它们的测量范围却有着很大的差别。声呐模块测距范围为 $2\sim450$cm;红外传感模块测距范围为 $10\sim80$cm;火焰传感模块测距范围为 $0\sim30$cm。该小车之所以同时用到这几个模块,就是要综合各个模块的测距特点,使避障功能达到最佳。

4.4.6 电子罗盘控制程序

1. 用途

电子罗盘控制部分用于测量地磁方向;测量物体静止时候的方向;测量传感器周围磁力线的方向。值得注意的是测量地磁时容易受到周围磁场的影响。

2. 主芯片 HMC5883 三轴磁阻传感器

(1) 数字量输出:I2C 数字量输出接口,设计使用非常方便。

(2) 尺寸小:3mm$\times$3mm$\times0.9$mm LCC 封装,适合大规模量产使用。

(3) 精度高:$1\sim2$°,内置 12 位 A/D、OFFSET、SET/RESET 电路,不会出现磁饱和现象,不会有累加误差。

(4) 支持自动校准程序,简化使用步骤,终端产品使用非常方便。

(5) 内置自测试电路,方便测试,无须增加额外昂贵的测试设备。

(6) 功耗低：供电电压 1.8V，功耗在睡眠模式时为－2.5μA，测量模式时为－0.6mA。

3. 控制方法

只要连接 VCC、GND、SDA、SCL 四条线（两条供电线、两条信号线）即可。

(1) ArduinoGND→HMC5883LGND。

(2) Arduino3.3V→HMC5883LVCC。

(3) ArduinoA4(SDA)→HMC5883LSDA。

(4) ArduinoA5(SCL)→HMC5883LSCL。

4.4.7 智能车的机械臂控制实例

智能车机械臂内有四个舵机，通过对四个舵机的控制进而控制机械臂的变化。

1. 舵机简介

舵机早期应用在航模中控制方向。在航空模型中，飞行器的飞行姿态是通过调整发动机和各个控制面来实现的，后来有人发现这种机器的体积小、质量轻、转矩大、精度高，由于具备这些优点，它很适合应用在机器人身上作为机器人的驱动。

按照舵机的转动角度分有 180°舵机和 360°舵机。180°舵机只能在 0°到 180°之间运动，超过这个范围，舵机就会出现超量程的故障，轻则齿轮打坏，重则烧坏舵机电路或者舵机里面的电动机。360°舵机转动的方式和普通的电动机类似，可以连续地转动，而且可以控制它转动的方向和速度。

按照舵机的信号处理分为模拟舵机和数字舵机。它们的区别在于，需要给模拟舵机不停地发送 PWM 信号，才能让它保持在规定的位置或者让它按照某个速度转动。数字舵机则只需要发送一次 PWM 信号就能保持在规定的某个位置。

一般来说，舵机由以下几个部分组成：直流电动机、减速器（减速齿轮组）、位置反馈电位计、控制电路板（比较器）。舵机的输入线共有三根，红色在中间，为电源正极线；黑色线是电源负极线（地线）；黄色或者白色线为信号线。其中，电源线为舵机提供 6～7V 左右电压的电源。

2. 舵机的工作原理及控制

1) 舵机 PWM 信号定义

PWM 信号是脉宽调制信号，其特点在于它的上升沿与下降沿之间的时间宽度。具体的时间宽窄协议参考下列讲述。目前使用的舵机主要依赖于模型行业的标准协议，随着机器人行业的渐渐独立，有些厂商已经推出全新的舵机协议，这些舵机只能应用于机器人行业，已经不能应用于传统的模型上面。目前，HG14-M 舵机可能是这个过渡时期的产物，它采用传统的 PWM 协议，优缺点一目了然。优点是已经产业化，成本较低，旋转角度大（目前所生产的都可达到 185°）；缺点是控制比较复杂。但是它是一款数字型的舵机，对 PWM 信号的要求较低；不用随时接收指令，减少 CPU 的疲劳程度；可以位置自锁、位置跟踪，这方面超越了普通的步进电动机。它的 PWM 格式需要注意的几个要点是高电平最少为 0.5ms，一般范围为 0.5～2.5ms；对应舵机旋转 0～180°。HG14-M 数字舵机下降沿时间没要求，目前采用 0.5ms 就行。也就是说，PWM 波形可以是一个周期为 1ms 的标准方波。

2）PWM 信号控制精度制定

这里采用的是 8 位 CPU，其数据分辨率为 256，那么经过舵机极限参数实验可知，应该将其划分为 250 份。因而 0.5～2.5ms 的宽度为 2ms＝2000μs，2000μs÷250＝8μs，则 PWM 的控制精度为 8μs，可以以 8μs 作为单位递增控制舵机转动与定位。舵机可以转动 185°，那么，185°÷250＝0.74°，则舵机的控制精度为 0.74°。

在这里做了一些名词上的定义，DIV 是一个时间位置单位，一个 DIV 等于 8μs，关系如以下公式：

$$1\text{DIV} = 8\mu s$$
$$250\text{DIV} = 2\text{ms}$$

实际寄存器内的数值为(♯01H)01～(♯0FAH)250。

共 185°，分为 250 个位置，每个位置叫 1DIV，则有

$$185 \div 250 = 0.74°/\text{DIV}$$

PWM 高电平函数：

$$0.5\text{ms} + N \times \text{DIV}$$
$$0\mu s \leqslant N \times \text{DIV} \leqslant 2\text{ms}$$
$$0.5\text{ms} \leqslant 0.5\text{ms} + N \times \text{DIV} \leqslant 2.5\text{ms}$$

根据这些知识就可以开始编程，并做一些初步的实验。舵机控制是研究机器人的一个比较好的技术手段。

3. 机械臂的室内物品自主取放程序设计

机械臂的室内物品自主取放参考程序如下：

```
forward(240);                        //前进//
stopp();                             //刹车//
delay(2000);
turnl(85);                           //转弯//
stopp();
delay(2000);
forwards();                          //减速前进//
while(digitalRead(40)!= 0);          //检测红外//
stopp();
//back(300);
stopp();
servo1();                            //执行抓苹果的动作//
delay(2000);
forward(200);                        //前进//
stopp();
delay(2000);
turnl(75);                           //转弯//
stopp();
delay(2000);
forward(180);                        //前进//
stopp();
delay(2000);
servo2();                            //放下苹果//
delay(1000);
```

```
turnl(75);                          //转弯//
stopp();
delay(2000);
forward(200);                       //前进//
stopp();
delay(2000);
turnr(85);                          //右转弯//
stopp();
while(1);
}
voidservoAl(inta)
{
for(i = 0;i < = a;i++)
```

该机器人被称为助老服务机器人。为机器人编写的这段程序主要是让其帮助行走不便的老人拿取一定的物品。机器人可以自行运行一段路线，到达程序设置的目标地点，然后将目标地点的物品抓起送到老人身边，最终使老人顺利获取所需物品。

4.5　智能车的车身结构设计

4.5.1　车身模块组成

车身模块主要由上下两层金属板组成。金属板由黄色金属柱来固定支撑，上层板主要是安装两个开关，一个是电源开关，用来控制整车电源的通、断，另一个则是用来控制机械手的运动状态。按下电源开关就意味着整个机器人通上电，机器人的各个用电部分即开始工作。同时，臂部与手部模块也安装在上层金属板上。若同时按下另一开关，机械手臂也会开始工作。

车身的外围装有许多传感器，用于感知周围环境中的变量，便于机器人随时调整状态，更好地运行；在下层金属板上安装了四个超声波传感器和一个火焰传感器，用来避障和感受灯光位置。

4.5.2　车身零部件材料的选择

上下层金属板作为智能小车的基体，应该具有足够的强度和刚度以承受小车的载荷和从车轮传来的冲击。金属板的功用是支撑、连接智能车的各总成，使各总成保持相对正确的位置，并承受小车内外的各种载荷。

金属板采用的是铝合金材料，该材料是经热处理预拉伸工艺生产的高品质铝合金产品。它的强度虽不能与 2XXX 系或 7XXX 系相比，但其镁、硅合金特性多，具有加工性能极佳、优良的焊接特点、电镀性、良好的抗腐蚀性、高韧性、加工后不变形、材料致密无缺陷及易于抛光、上色膜容易、氧化效果极佳等优良特点。

6061 铝合金的主要合金元素是镁与硅，并形成 Mg_2Si 相。若含有一定量的锰与铬，可以中和铁的坏作用；有时还会添加少量的铜或锌，以提高合金的强度，而又不使其抗蚀性有明显降低；导电材料中含有少量的铜，以抵消钛及铁对导电性的不良影响；锆或钛能细化晶粒与控制再结晶组织；为了改善可切削性能，可加入铅与铋。在 Mg_2Si 固溶于铝中，使合金有人工时效硬化功能。6061 铝合金中的主要合金元素为镁与硅,具有中等强度、良好的抗腐蚀性、可焊接性、氧化效果较好的特点。

1. 铝合金材料的典型用途

(1)板带的应用。该铝合金材料广泛应用于装饰、包装、建筑、运输、电子、航空、航天、兵器等行业。

(2)航空航天用铝材用于制作飞机蒙皮、机身框架、大梁、旋翼、螺旋桨、油箱、壁板、起落架支柱,以及火箭锻环、宇宙飞船壁板等。

(3)交通运输用铝材用于汽车、地铁车辆、铁路客车、高速客车的车体结构件材料,车门窗、货架、汽车发动机零件、空调器、散热器、车身板、轮毂及舰艇用材。

(4)包装用铝材。全铝易拉罐制罐料主要以薄板与箔材的形式作为金属包装材料,制成罐、盖、瓶、桶、包装箔。它广泛用于饮料、食品、化妆品、药品、香烟、工业产品等包装。

(5)印刷用铝材主要用于制作 PS 板。铝基 PS 板是印刷业的一种新型材料,用于自动化制版和印刷。

(6)建筑装饰用铝材铝合金因其良好的抗蚀性、足够的强度、优良的工艺性能和焊接性能广泛用于建筑物构架、门窗、吊顶、装饰面等。

(7)电子家电用铝材主要用于各种母线、架线、导体、电气元件、冰箱、空调、电缆等领域。

2. 铝合金 6061 的特点

镁铝 6061-T651 是 6 系合金的主要合金,是经热处理预拉伸工艺的高品质铝合金产品。镁铝 6061 具有加工性能极佳、良好的抗腐蚀性、高韧性及加工后不变形、上色膜容易、氧化效果极佳等优良特点。

3. 主要应用

镁铝 60601-T651 广泛应用于要求有一定强度和抗蚀性高的各种工业结构件,如制造卡车、塔式建筑、船舶、电车、铁道车辆等。

4. 铝合金基本状态代号

(1)F——自由加工状态。适用于成型过程中,对于加工硬化和热处理条件特殊要求的产品,该状态产品的力学性能不作规定(不常见)。

(2)O——退火状态。适用于完全退火获得最低强度的加工产品(偶尔会出现)。

(3)H——加工硬化状态。适用于通过加工硬化提高强度的产品。产品在加工硬化后可经过(也可不经过)使强度有所降低的附加热处理(一般为非热处理强化型材料)。

(4)W——固熔热处理状态。一种不稳定状态,仅适用于固熔热处理后,室温下自然时效的合金,该状态代号仅表示产品处于自然时效阶段(不常见)。

(5)T——热处理状态(不同于 F、O、H 状态)。适用于热处理后,经过(或不经过)加工硬化达到稳定的产品。T 代号后面必须跟有一位或多位阿拉伯数字(一般为热处理强化型材料)。常见的非热处理强化型铝合金后面的状态代号一般是字母 H 加两位数字。

4.5.3　车身模块的安装过程

车身模块的安装过程大致如下:由于安装车身模块时底盘部分已经与下层金属板固定在一起,此时只需要用黄色金属柱固定于下层金属板上,如图 4-27 所示;然后再安装超声波和火焰传感器等小部件,如图 4-28 所示;最后将上层金属板安装于黄色金属柱上,这样车身部分安装就基本完成。

图 4-27　安装黄色金属柱　　　　　图 4-28　安装超声波传感器等小部件

4.5.4　智能车的整体机械结构

　　该智能机器人的组成基于模块化设计,由底盘模块、机身模块、臂部与手部模块组成。在底盘模块的构建中轮轴与电动机轴之间的连接采用 6403 深沟球轴承来支撑,既能降低其运动过程中的摩擦系数,又能保证其回转精度。机身模块是支撑臂部的部件,用以实现机器人的某些回转及弯曲动作。臂部与手部模块中,臂部与手部部分有机械接口,相连处可拆卸。图 4-29 所示是该智能机器人的结构展示。经过各部分的安装之后,机器人的实体结构如图 4-10 所示。

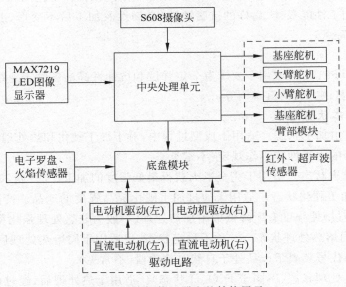

图 4-29　该智能机器人的结构展示

第 5 章

机器人视觉系统

5.1 机器人视觉简介

机器人视觉(robot vision)是使机器人具有视觉感知功能的系统,是机器人系统组成的重要部分之一。机器人视觉可以通过视觉传感器获取环境的二维图像,并通过视觉处理器进行分析和解释,进而转换为符号,让机器人能够辨识物体,并确定其位置。机器人视觉广义上称为机器视觉,其基本原理与计算机视觉类似。计算机视觉是研究视觉感知的通用理论,研究视觉过程的分层信息表示和视觉处理各功能模块的计算方法。机器视觉侧重于研究以应用为背景的专用视觉系统,且只提供对执行某一特定任务相关的景物描述。机器人视觉硬件主要包括图像获取和视觉处理两部分。图像获取由照明系统、视觉传感器、模拟数字转换器和帧存储器等组成。根据功能不同,机器人视觉可分为视觉检验和视觉引导两种。它广泛应用于电子、汽车、机械等工业部门和医学、军事领域。

5.1.1 机器人视觉相关定义

在机器人控制领域,视觉控制是当前的一个重要研究方向,也是目前的研究热点之一。机器人视觉控制与计算机视觉、控制理论等学科密切相关,但它采用的概念又有所不同。为便于理解,在此对机器人视觉控制中的部分概念予以简要介绍。

(1)摄像机标定(camera calibration)。对摄像机的内部参数、外部参数进行求取的过程。通常摄像机的内部参数又称为内参数(intrinsic parameter),主要包括光轴中心点的图像坐标、成像平面坐标到图像坐标的放大系数、镜头畸变系数等;摄像机的外部参数又称为外参数(extrinsic parameter),是摄像机坐标系在参考坐标系中的表示,即摄像机坐标系与参考坐标系之间的变换矩阵。

(2)视觉系统标定(vision system calibration)。对摄像机和机器人之间关系的确定称为视觉系统标定。例如,手眼系统的标定就是对摄像机坐标系与机器人坐标系之间关系的求取。

(3)手眼系统(hand-eye system)。它是由摄像机和机械手构成的机器人视觉系统。摄像机安装在机械手末端并随机械手一起运动的视觉系统称为 eye—in hand 式手眼系统;摄像机不安装在机械手末端,且摄像机不随机械手运动的视觉系统称为 eye—to hand 式手眼系统。

（4）视觉测量（vision measure 或 visual measure）。根据摄像机获得的视觉信息对目标的位置和姿态进行的测量称为视觉测量。

（5）视觉控制（vision control 或 visual control）。根据视觉测量获得目标的位置和姿态，将其作为给定或者反馈对机器人的位置和姿态进行的控制称为视觉控制。简而言之，所谓视觉控制，就是根据摄像机获得的视觉信息对机器人进行的控制。视觉信息除通常的位置和姿态之外，还包括对象的颜色、形状、尺寸等。

（6）视觉伺服（visual servo 或 visual servoing）。利用视觉信息对机器人进行的伺服控制称为视觉伺服。视觉伺服是视觉控制的一种，视觉信息在视觉伺服控制中用于反馈信号。在关节空间的视觉伺服直接对各个关节的转矩进行控制。

（7）平面视觉（planar vision）。被测对象处在平面内，只对目标在平面内的信息进行测量的视觉测量与控制称为平面视觉。平面视觉可以测量目标的二维位置信息以及目标的一维姿态。平面视觉一般采用一台摄像机即可完成，而且摄像机的标定比较简单。

（8）立体视觉（stereo vision）。对目标在三维笛卡儿空间内的信息进行测量的视觉测量与控制称为立体视觉。立体视觉可以测量目标的三维位置信息，以及目标的三维姿态。立体视觉一般采用两台摄像机，需要对摄像机的内外参数进行标定。

（9）结构光视觉（structured light vision）。利用特定光源照射目标，并形成人工特征，由摄像机采集这些特征进行测量，这样的视觉系统称为结构光视觉系统。由于光源的特性可以预先获得，光源在目标上形成的特征具有特定结构，所以这种光源被称为结构光。结构光视觉可以简化图像处理中的特征提取，也能大幅度提高图像处理速度，具有良好的实时性。结构光视觉属于立体视觉。

（10）主动视觉（active vision）。对目标主动照明或者主动改变摄像机参数的视觉系统被称为主动视觉系统。主动视觉可以分为结构光主动视觉和变参数主动视觉。

5.1.2 机器人视觉基本原理

典型的机器人视觉系统一般包括光源、图像采集装置、图像处理单元（或图像采集卡）、图像分析处理软件、监视器、通信输入/输出单元等。实际上，图像的获取是将被测物体的可视化图像和内在特征转换成能被计算机处理的数据，这种转换的过程及其效果直接影响到视觉系统工作的稳定性及可靠性。被测物体图像的获取一般涉及光源、相机和图像处理单元（或图像捕获卡）。

光源是影响机器视觉系统输入的重要因素，因为它影响着输入数据的质量和至少 30％的应用效果。由于没有通用的机器视觉照明设备，所以针对每个特定的应用实例，要选择相应的照明装置，以达到最佳的照明效果。许多工业用的机器视觉系统中，利用可见光作为光源，主要是因为可见光容易获得，价格低廉，且便于操作。

常用的可见光源包括白炽灯、日光灯、水银灯和钠光灯。但是，这些光源的最大缺点是不能保持稳定。以日光灯为例，在使用的第一个 100h 内，光能将下降 15％，随着使用时间的增加，光能还将不断下降。因此，如何使光能在一定的程度上保持稳定是急需解决的现实问题。另一方面,环境光将改变这些光源照射到物体上的总光能,使输出的图像数据存在噪声,一般采用加装防护屏的方法可以减少环境光的影响。由于存在上述问题,现在的工业应用中,对于某些要求严格的检测任务常采用 X 射线、超声波等不可见光作为光源。

由光源构成的照明系统按其照射方式可分为背向照明、前向照明、结构光照明和频闪光照明等。其中,背向照明是将被测物放在光源和相机之间,其优点是能够获得高对比度的图像;前向照明是将光源和相机位于被测物的同侧,该方式的优点是便于安装;结构光照明是将光栅或线光源等投射到被测物上,根据它们产生的畸变,解调出被测物的三维信息;频闪光照明是将高频率的光脉冲照射到物体上,要求相机的扫描速度与光源的频闪速度同步。

对于机器人视觉系统来说,图像是唯一的信息来源,而图像的质量是由光学系统的合理选择所决定。通常,由于图像质量低劣引起的误差不能用软件纠正。机器视觉技术把光学部件和成像电子结合在一起,并通过计算机控制系统来分辨、测量、分类和探测正在通过自动处理系统的部件。光学系统的主要参数与图像传感器的光敏面的格式有关,一般包括光圈、视场、焦距、F 数等。

视觉传感器实际上是一个光电转换装置,即将图像传感器所接收到的光学图像转化为计算机所能处理的电信号。光电转换器件是相机的核心器件。目前,典型的光电转换器件包括真空电视摄像管、CCD、CMOS 图像传感器等。

5.1.3 机器人视觉要求

应用于机器人导航的视觉算法有别于其他应用,其具体要求主要体现在以下几方面。

1. 实时性要求

实时性要求即算法处理的速度要快,它不但直接决定了移动机器人能够行驶的最大速度,而且也切实关系到整个导航系统的安全性与稳定性。例如机器人的避障算法都需要提前知道障碍物的方位以便及时动作,这种信息获得的时间越早,则系统就会有越多的时间对此做出正确的反应。视觉信息处理巨大的计算量对算法程序的压力很大,对室外移动机器人尤其如此。

2. 鲁棒性要求

由于移动机器人的行驶环境复杂多样,要求所采用的立体视觉算法能够在各种光照条件、各种环境下都尽可能保证其有效性。室内环境的机器人导航环境相对较好,但对于室外移动机器人或陆地自主车 ALV,不确定性因素增加了很多,如光照变化、边缘组织等,也不存在道路平坦假设。为此,视觉导航算法在各种环境下都要求保证其有效性。

3. 精确性要求

移动机器人的立体视觉算法满足匹配精确性要求,但这种精确性与虚拟现实或者三维建模所要求的精确性有所差别,因为立体视觉算法对道路地形进行重建的最终目的是检测障碍物,而不是为了精确描绘出场景。对于移动机器人来说,有时候忽略细节可以提高整个系统的稳定性。

5.1.4 机器人视觉应用

视觉是人类获取信息最丰富的手段,通常人类 75% 以上的信息来自眼睛,而对于驾驶员来说,超过 90%的信息来自于视觉。同样,视觉系统是移动机器人系统的重要组成部分之一,视觉传感器也是移动机器人获取周围信息的感知器件。近十年来,随着研究人员投入大量的研究工作,计算机视觉、机器视觉等理论不断地发展与完善,移动机器人的视觉系统已经涉及图像采集、压缩编码及传输、图像增强、边缘检测、阈值分割、目标识别、三维重建等,几乎覆盖机器视觉的各个方面。目前,移动机器人视觉系统主要应用于以下三方面:

(1) 用视觉进行产品的检验,代替人的目检。包括形状检验,即检查和测量零件的几何尺寸、形状和位置;缺陷检验,即检查零件是否损坏划伤;齐全检验,即检查部件上的零件是否齐全。

(2) 对装配的零部件逐个进行识别,确定其空间位置和方向,引导机器人的手准确地抓取所需的零件,并放到指定位置,完成分类、搬运和装配任务。

(3) 为移动机器人进行导航。利用视觉系统为移动机器人提供它所在环境的外部信息,使机器人能自主地规划它的行进路线,回避障碍物,安全到达目的地并完成指定工作任务。

其中,前两项属于工业机器人的范畴,随着技术的发展,研究人员提出了视觉伺服的概念。而视觉导航,不论自主、半自主,还是最早期的遥控方式,都是为完成一定的任务执行者(主体)和环境(客体)的交互过程。尽管如此,移动机器人的视觉对于移动机器人来说还没有到达视觉相对于人类如此重要的地步,很大一部分原因是因为视觉信息处理理论与方法的不够完善。摄像头能在极短的时间内扫描得到数百万上千万计的像素的环境图像,甚至超过了人类眼睛的信息采集能力,但在处理方法及处理速度上目前却远不能和人类相比。不过可以相信,随着微电子技术的进步和计算机视觉的发展,移动机器人的视觉功能会越来越强大,同时机器视觉在移动机器人信息感知中所占的比重也会越来越大。

5.2 摄像机模型

摄像机是通过成像透镜将三维场景投影到它的二维像平面上,该投影过程可用成像变换描述(摄像机成像模型)。

5.2.1 单目视觉模型

1. 单目视觉简介

单目视觉是指仅利用一台摄像机完成定位工作。因其仅需一台视觉传感器,所以该方法的优点是结构简单、相机标定也简单,同时还避免了立体视觉中的视场小、立体匹配困难的不足,但其前提条件是必须已知物体的几何模型。

基于模型的单目视觉定位问题所应用的几何特征可分为点、直线与高级几何特征等几类。相对来说,目前对基于点特征的单目视觉定位方法研究较多。直线特征具有抗遮挡能力强、图像处理简单的优点,所以有一部分学者致力于基于直线特征单目视觉定位方法的研究。而基于高级几何特征的单目视觉定位方法目前研究的还比较少。基于模型的单目视觉定位可以应用包括机器人自主导航、陆地和空间移动机器人定位、视觉伺服、摄像机校正、目标跟踪、视觉监测、物体识别、零部件装配、摄影测量等。

为方便读者了解各种特征定位方法的研究现状,并为未来的研究奠定理论基础,本书根据基于模型的单目视觉定位方法所使用的定位特征类型把单目视觉定位方法分为基于点特征的定位方法、基于直线特征的定位方法、基于高级几何特征的定位方法，并全面介绍了各种特征定位方法的研究现状。

2. 单目视觉定位方法

1）点特征定位

点特征定位又称为 PNP 问题，它是计算机视觉、摄影测量学乃至数学领域的一个经典问题。从本质上来说是非线性的，而且具有多解性。PNP 问题是在 1981 年首先由 Fischler 和 Bolles 提出，即给定 N 个控制点的相对空间位置以及给定控制点与光心连线所形成的夹角，求出各个控制点到光心的距离。该问题主要被用来确定摄像机与目标物体之间的相对距离和姿态。

目前对 PNP 问题的研究主要包括两个方面：设计运算速度快、稳定的算法，来寻找 PNP 问题的所有解或部分解。对多解现象的研究，即找出在什么条件下有 1 个、2 个、3 个或者 4 个解。PNP 问题的研究集中在对 P3P 问题、P4P 问题、P5P 问题的研究上。这是因为如果仅使用两个特征点即 P2P 问题有无限组解，其物理意义是仅有两个点不能确定两点在摄像机坐标系下的位置。而特征点的个数大于 5 时，PNP 问题变成了经典的 DLT 问题，是可以线性求解的。目前，人们对 P3P、P4P 问题已研究得比较清楚，并有如下结论：P3P 问题最多有 4 个解，且解的上限可以达到；对于 P4P 问题，当 4 个控制点共面时，问题有唯一解，当 4 个控制点不共面时，问题最多可能有 5 个解，且解的上限可以达到；对于 P5P 问题，当 5 个控制点中任意 3 点不共线时，则 P5P 问题最多可能有 2 个解，且解的上限可以达到。

2）直线特征定位

当前，基于模型单目视觉定位的模型特征分为点、直线与高级几何特征等几类。相对来说，现在对于基于点特征的单目视觉定位方法研究较多，对于基于直线特征的单目视觉定位方法的研究还比较少。在某些特定的环境中，采用直线特征进行定位比采用点特征进行定位具有一定的优势。直线特征的优势表现在以下几方面：首先，自然环境的图像包含很多的直线特征。其次，在图像上直线特征比点特征的提取精度更高。最后，直线特征抗遮挡能力比较强。同时相对于更高级的几何特征，直线特征也具有优势，具体表现在以下几方面：首先，在周围自然环境的图像中，直线比其他的高级几何特征更常见，同时也更容易提取。其次，直线的数学表达式更简单，处理起来效率更高。因此综合来看，在某些方面采用直线特征进行视觉定位具有其他特征所不具有的一些优势，在实现高精度、实时自主定位方面有着广泛的应用前景。

对于空间恢复至少需要非共线的三个特征点来获得唯一解。如果使用直线，则需要三条直线，三条直线不同时平行且不和光心共面。目前，理论上研究最多的是利用三线定位的问题，即 Perspective Projection of Three Lines，简称 P3L 问题。

3）高级几何特征定位

高级几何特征包括圆、椭圆、二次曲线等。对于基于模型的单目视觉定位问题，很多学者做了研究工作。通常，他们使用点或直线的投影作为基元，由三个图像点或三条图像直线以及在物体坐标下点或直线之间的相对位置关系确定模型的姿态。有时，基于模型单目视觉定位问题的模型采用曲线表面的物体，所以使用曲线进行曲线表面物体的定位成为另外一个积极研究的方向。

使用曲线定位的好处是：首先，自然界许多物体的表面上有曲线特征；其次，曲线包含三维物体的全局位姿信息；最后，对曲线的表示是对称矩阵，因此数学处理起来很方便。在很多情况下，可以获得闭式解，从而避免了非线性搜索。对比于其他两种特征，不足的地方是自然界中还是点特征和直线特征更普遍存在，具有广泛的实用性。

对于曲线表面的物体，一些学者提出了使用曲线进行定位的方法。当用曲线进行姿态估计时，一定要对复杂的非线性系统进行求解。Forsyth 等对于共面曲线提出一种定位方法，这种方法是对两个四次多项式进行求解。Ma Songde 提出，对于两个非共面曲线，它的姿态可以对由六个二次多项式组成的非线性系统进行求解得到。当两个空间曲线共面时，可以得到物体姿态的闭式解。

5.2.2　双目视觉模型

双目立体视觉是计算机视觉的一个重要分支，即由不同位置的两台或者一台摄像机(CCD)经过移动或旋转拍摄同一幅场景，通过计算空间点在两幅图像中的视差，获得该点的三维坐标值。采用高精度的标定模板、完善的摄像机标定数学模型，并对标靶特征点进行子像素检测，保证系统的标定精度。

该系统能够对视场范围内的标靶进行自动识别定位，可在复杂的背景环境下实现系统的现场标定，操作方便快捷。系统对运动体上特征点进行实时检测，通过左右图像中特征点的图像坐标和双目测量原理，实现特征点的三维空间坐标的测量。通过对运动体上特征点的识别定位，并对数据进行分析，进一步获取运动体的三维坐标、姿态、特征点之间的相对距离。

20 世纪 80 年代美国麻省理工学院人工智能实验室的 Marr 提出了一种视觉计算理论并应用在双睛匹配上，使两张有视差的平面图产生有深度的立体图形，奠定了双目立体视觉发展理论基础。相比其他立体视觉测量、跟踪方法，如透镜板三维成像、投影式三维显示、全息照相术等，立体视觉测量、跟踪方法直接模拟人类双眼处理景物的方式，双目立体视觉可靠简便，在许多领域均极具应用价值，如微操作系统的位姿检测与控制、机器人导航与航测、三维测量学及虚拟现实等。

双目立体视觉测量系统主要功能有现场系统标定；空间特征点距离三维测量；空间物体位置三维测量；空间运动体姿态的双目三维测量以及特征点的自动识别定位。系统主要技术特点是操作界面清晰明了，简单易行，只需简单设定即可自动执行测量；测量软件及算法完全自主开发，系统针对性强；可灵活设置测量模板、测量范围；安装简单，结构紧凑，易于操作、维护和扩充；可靠性高，运行稳定，适合各种现场运行条件。基于 PC 平台，系统可扩充性强，基于 EF-VS 机器视觉软件平台可扩展其他功能。双目立体视觉技术的实现可分为以下步骤：图像获取、摄像机标定、特征提取、图像匹配和三维重建。

5.3　图像处理技术

5.3.1　图像处理技术简介

视觉是最高级的人类感觉，因此，图像在人类感知中起着最重要的作用。然而，人类的视觉被限制在电磁波谱的可视波段，而成像机几乎覆盖了全部电磁波段。它们还可以在人类不常涉及的图像源产生的图像上进行展示,包括超声波、电子显微镜和计算机产生的图像。这样,数字图像处理就包含了广泛的应用领域。图像处理的步骤包括:

(1) 摄像机捕获图像。

(2) 图像数字化。

(3) 图像用一个二维函数 $X(x,y)$ 进行描述,其中 x 为矩阵的行,y 为矩阵的列,x 和 y 的范围由图像的最大分辨率决定。如果图像的大小为 $n \times m$,此时 n 为行数,而 m 为列数,其中 $0 \leqslant y < m$,且有 $0 \leqslant x < n$。x 和 y 为正整数或者零。

数字图像是由有限数量的元素组成,每个元素都有一个特殊的位置和数值。这些元素称为画素或像素,是广泛应用于定义数字图像元素的术语。

图像处理和计算机视觉之间并没有明显的界限,但可通过考虑三种等级的计算机化处理过程加以区分:低级、中级和高级处理。低级处理包括原始操作,如降低噪声的图像预处理、对比度增强和图像锐化。低级处理的特点是其输入与输出均为图像。图像的中级处理涉及诸如分割这样的行为,即把图像分为区域或对象,然后对对象进行描述,以便使它们简化为适合计算机处理的形式,并把单个对象进行分类。中级处理的特点是输入通常为图像,单输出则是从这些图像中提取的属性。高级处理通过执行与人类视觉相似的感知函数对对象进行总体确认。

5.3.2　图像采集

图像是多媒体作品中使用频繁的素材,除通过图像软件的绘制、修改获取图像外,使用最多的还是直接获取图像,主要有以下几种方法:

(1) 利用扫描仪和数码相机获取。扫描仪主要用来取得印刷品及照片的图像,还可借助识别软件进行文字的识别。目前市场上的扫描仪种类繁多,在多媒体制作中可选择中高档类型。数码相机可直接产生景物的数字化图像,并通过接口装置和专用软件完成图像输入计算机的工作。在使用数码相机之前,应有一些摄影知识准备,如用光、构图、色彩学等,这样就能更好地利用设备进行操作。

(2) 从现有图片库中获取。多媒体电子出版物中有大量的图像素材资源。这些图像主要包括山水木石、花鸟鱼虫、动物世界、风土人情、边框水纹、墙纸图案、城市风光、科幻世界等,几乎应有尽有。另外,还要养成收集图像的习惯,将自己使用过的图像分类保存,形成自己的图片库,以便以后使用。

(3) 在屏幕中截取。多媒体制作中,有时候可以将计算机显示屏幕上的部分画面作为图像。从屏幕上截取部分画面的过程称为屏幕抓图。方法是,在 Windows 环境下,按键盘功能键中的 Print Screen 键,然后进入 Windows 附件中的画图程序,用粘贴的方法将剪贴板上的图像复制到"画纸"上,最后保存。

(4) 用豪杰超级解霸捕获 VCD 画面。多媒体制作中,常常需要影片中的某一个图像,这时可以借助"超级解霸"来完成。

(5) 从网络上下载图片。网络上有很多图像素材,可以很好地利用。但使用时,应考虑图像文件的格式、大小等因素。

5.3.3　图像格式转换

利用一些专门的软件,可以在图像格式之间进行转换,从而达到多媒体制作要求。下面介绍两种转换软件。

1. 在 ACDSee 中转换格式

ACDSee 是目前最流行的数字图像处理软件之一,可应用在图片的获取、管理、浏览及优化等方面。在 ACDSee 中转换图像格式的方法如下:

(1) 在 ACDSee 中打开图像文件,选择"文件"→"另存为"命令。

(2) 在"图像另存为"窗口中,选择保存的路径,并单击"保存类型"选项的下拉三角,在其中选择所需的图像格式。

(3) 单击"保存"按钮,完成转换工作。

2. 在 Photoshop 中转换格式

Photoshop 是一款非常优秀的图像处理软件,尤其表现在位图的处理上,它几乎支持所有的图像格式。利用它可以很方便地进行图像格式转换,转换方法与在 ACDSee 中的方法类似。

5.3.4　图像处理软件简介

利用图像处理软件可以对图像进行编辑、加工、处理,使图像成为合乎需要的文件。下面简单介绍几种常用的图像处理软件。

(1) Windows 画图。"画图"是 Windows 下的一个小型绘图软件,可用它创建简单的图,或用"画图"程序查看和编辑扫描好的照片;可用"画图"程序处理图片,如 JPEG、GIF 或 BMP 文件;可以将"画图"图片粘贴到其他已有文档中,也可将其用作桌面背景。

(2) Photoshop。Photoshop 是目前最流行的平面图像设计软件,它是针对位图图形进行操作的图像处理程序。它的工作主要是进行图像处理,而不是图形绘制。Photoshop 处理位图图像时,可以优化微小细节,进行显著改动,以及增强效果。

(3) Photodraw。Photodraw 是 Microsoft 公司推出的图像处理软件,它有丰富的功能及良好的易用性,且与 Office 及 Web 页面可以无缝地连接和嵌入。

(4) Coreldraw。Coreldraw 图像软件套装是一套屡获殊荣的图形、图像编辑软件,它包含两个绘图应用程序:一个用于矢量图及页面设计;另一个用于图像编辑。这套绘图软件组合带来了强大的交互式工具,操作简单并能保证高质量的输出性能。

根据三色原理,各种颜色的光都可以由红绿蓝三种基色光加权混合而成,因此,彩色空间是三维的线性空间,任何一种具有一定亮度的颜色光即为空间中的一个点。所以,可选择具有确定光通量的红绿蓝三种基色光作为该三维空间的基,这样组成的表色系统称为 RGB 表色系统。

人类的视觉处理也是通过对颜色的处理来达到,但是在某些情况下人类是通过直接获取特别的色彩来解决问题。物体的颜色模型也能够用于计算机视觉中,这些知识能够解决很多问题。如,使用肤色模型来检测人脸的机器视觉应用等。但是,这些应用存在不确定性,如果背景中混杂有与人类肤色相近的物体,那么就容易检测失败。

5.4　滤波算法简介

滤波是将信号中特定波段频率滤除掉,是抑制和防止干扰的一种重要措施。滤波一词起源于通信理论,它是从含有干扰的接收信号中提取有用信号的一种技术。例如用雷达跟踪飞机,在测得的飞机位置数据中,含有测量误差及其他随机干扰,如何利用这些数据尽可能准确地估计出飞机在每一时刻的位置、速度、加速度等,并预测飞机未来的位置,这就是一个滤波与预测问题。历史上最早考虑的是维纳滤波,后来 R.E.卡尔曼和 R.S.布西于 20 世纪 60 年代提出了卡尔曼滤波,现在对一般的非线性滤波问题研究相当活跃。

5.4.1　常见的滤波方法

滤波电路常用于滤去整流输出电压中的纹波,一般由电抗元件组成,如在负载电阻两端并联电容器 C,或与负载串联电感器 L,以及由电容、电感组合而成的各种复式滤波电路。

滤波是信号处理中的一个重要概念。滤波分为经典滤波和现代滤波。经典滤波概念是根据傅里叶分析和变换提出的一个工程概念。根据高等数学理论,任何一个满足一定条件的信号都可以被看成是由无限个正弦波叠加而成。换句话说就是,工程信号是不同频率的正弦波线性叠加而成,组成信号的不同频率的正弦波叫作信号的频率成分或谐波成分。只允许一定频率范围内的信号成分正常通过,而阻止另一部分频率成分通过的电路叫作经典滤波器或滤波电路。

5.4.2　滤波电路的分类

常用的滤波电路有无源滤波和有源滤波两大类。若滤波电路元件仅由无源元件(电阻、电容、电感)组成,则称为无源滤波电路。无源滤波的主要形式有电容滤波、电感滤波和复式滤波(包括倒 L 型、LC 滤波、$LC\pi$ 型滤波和 $RC\pi$ 型滤波等)。若滤波电路不仅由无源元件,还由有源元件(双极型管、单极型管、集成运放)组成,则称为有源滤波电路。有源滤波的主要形式是有源 RC 滤波,也被称作电子滤波器。

1. 无源滤波电路

无源滤波电路的结构简单,易于设计,但它的通带放大倍数及其截止频率都随负载而变化,因而不适用于信号处理要求高的场合。无源滤波电路通常用在功率电路中,如直流电源整流后的滤波,或者大电流负载时采用 LC(电感、电容)电路滤波。

2. 有源滤波电路

有源滤波电路的负载不影响滤波特性,因此常用于信号处理要求高的场合。有源滤波电路一般由 RC 网络和集成运放组成,因而必须在合适的直流电源供电的情况下才能使用,同时还可以进行放大。由于电路的组成和设计较复杂,有源滤波电路不适用于高电压、大电流的场合,只适用于信号处理。

根据滤波器的特点可知,它的电压放大倍数的幅频特性可准确地描述该电路属于低通、高通、带通还是带阻滤波器,因而如果能定性分析出通带和阻带在哪一个频段,就可以确定滤波器的类型。

识别滤波器的方法是:若信号频率趋于零时有确定的电压放大倍数,且信号频率趋于无穷大时电压放大倍数趋于零,则为低通滤波器;反之,若信号频率趋于无穷大时有确定的电压放大倍数,且信号频率趋于零时电压放大倍数趋于零,则为高通滤波器;若信号频率趋于零和无穷大时电压放大倍数均趋于零,则为带通滤波器;反之,若信号频率趋于零和无穷大时电压放大倍数具有相同的确定值,且在某一频率范围内电压放大倍数趋于零,则为带阻滤波器。

5.4.3 智能车的复合滤波算法实验研究实例

令 X_i 作为随机采样信号的统计量,共有 20 组统计量($X_k, k=1,2,3,\cdots,n$)表示随机信号样本点集,S_k 为采样信号中的有用部分,W_k 为采样信号的随机误差,k 是每一组随机样本点集包含的个数,剩余误差作为最后输出的判断基准。由于这组数已经按序排列,所以其中位数值即为 $X_{n/2}$。分析其滤波结果:

(1) 求 n 次测量值 $X_1 \sim X_n$ 的算术平均值 $\overline{X}$

$$X_k = S_k + W_k \quad (k = 1,2,3,\cdots,n) \tag{5-1}$$

$$\overline{X} = \frac{1}{n}\sum_{k=1}^{n} X_k \approx \frac{1}{n}\sum_{k=1}^{n} S_k \quad (k = 1,2,3,\cdots,n) \tag{5-2}$$

(2) 求各项的剩余误差

$$\Delta X_i = |\, X_k - \overline{X} \,|$$
$$\Delta X_i^2 = (X_1 - \overline{X})^2 + (X_2 - \overline{X})^2 + \cdots + (X_k - \overline{X})^2 \quad (k = 1,2,3,\cdots,n) \tag{5-3}$$

(3) 计算随机向量的标准偏差

$$\sigma = \sqrt{\frac{\left(\sum_{k=1}^{n} \Delta X_k^2\right)}{(n-1)}} \tag{5-4}$$

若本次采样结果为 X_k,则本次复合滤波的结果由下式确定

$$\Delta X_i = |\, X_k - \overline{X} \,| \begin{cases} > 3\sigma, & X_i = \overline{X} \\ \leqslant 3\sigma, & X_i = X_{n/2} \end{cases} \tag{5-5}$$

机器人软件系统设计主要包括主程序设计,该软件系统主程序的编写提高了传感器信号的判断和有效检出的准确程度。只有返回准确的数据,机器人才能对障碍物做及时正确的反馈处理,传感器的信息融合及应用才能得以实现。基于算法 3 的主程序如下:

```
// 去除最大最小极值后求平均
for(i = 0; i < 10; i++) d_sum += di];
average = d_sum/10;
for(i = 0;i < 10;i++)
{
Standard deviation = standard
deviation + (di] – average) * (di] – average);
}
// 求该组数据的标准差
standard deviation/ = 14;
//Serial.println(standard deviation);
```

```
    if(the residual error≤3 * standard deviation)
// 要求剩余误差小于一定门限,否则返回均值
    return (xi);
     else
    return(average);
}
```

实验是在静态无隔板和动态有隔板两者间交叉进行。连接线路,将智能机器人置于实验平台,用一系列隔板模拟实验时的室内障碍物,它的位置信息将障碍物归类成不同的状态,隔板放置距离每次只做微调,测试距离小于50cm。根据已定的采样标准重复进行三组实验,最后取三组测量数据的平均值作为测量结果。

观察图 5-1 所示的具体实验效果可以看出,算法 3 即系列 3 对于静态、动态隔板环境下距离测量的稳定性都比较好,为后续的障碍物目标躲避工作创造了条件。模拟室内动态与静态障碍物共存复杂环境中,在得到的电压—距离波形中系列 1 和系列 2 的测量距离值出现很大波动,甚至都超过设定的极限值 50cm,对环境描述精度偏低。

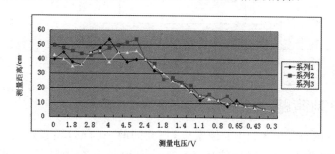

图 5-1　静态及动态隔板下电压与距离转换曲线图

对比实验结果表明,算法 3 在复杂环境下能从不同环境下准确获得数据,并得到稳定的距离信号后,送给控制器。控制器再通过输入内部的算法,协调机器人工作,从而完成躲避障碍物动作。

5.5　基于摄像头路径识别的智能车控制系统设计

本节介绍智能车路径识别及速度控制系统的具体实现方法。在该系统中,由 CCD 摄像头实现路径识别,直流电动机作为驱动,编码器检测速度,由 PID 算法实现小车的路径和速度的闭环控制。

5.5.1　硬件结构与方案设计

智能车控制系统以高性能的 16 位单片机 MC9S12DP256 为核心控制器,主要由电源管理、CCD 摄像头、图像采集模块、电动机及其控制器、转向舵机及其控制器、上位机调试等功能模块组成。其中上位机调试模块通过 RS232 串行接口与 PC 机通信,结合基于 MATLAB 环境开发的应用软件实现在线综合调试、分析功能。系统总体结构如图 5-2 所示。

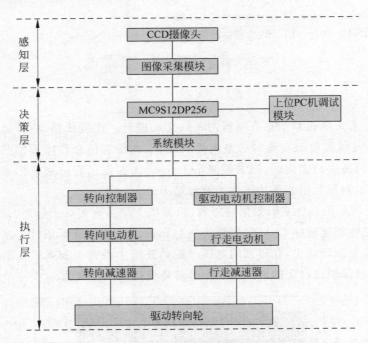

图 5-2　系统总体结构

5.5.2　控制策略

CCD 摄像头每帧有 320×240 个像素点,每帧的前 20 行为场起始信号,后 10 行为场消隐信号,每行前 14 个数据为行起始信号,第 310~320 点为行消隐信号,摄像头每场信号有 320 行,其中第 23~310 行为视频信号。从行起始信号到行消隐信号之间的时间间隔只有 $52\mu s$,在 24MHz 总线时钟下,MC9S12DP256 最快的 AD 采样频率为 0.5MHz,那么每行最多只能采集到 26 个点。为了使采集的像素点尽量多,将单片机超频至 32MHz,这样每行最多可采集 34 个像素点。现场光照环境不稳定,路径褪色以及路面光照反射能力的差别(路面不平整,路面上的污迹)是造成路径图像灰度不均匀的主要问题。本系统路径识别的目的是检测小车行驶方向的偏差。因此,路径识别的任务主要是将摄像头拍摄的灰度图像转换成二值图像,其中路径标线以黑色表示,背景及其他图像内容用白色表示,以便下一步进行小车行驶测量。小车驱动电动机电路如图 5-3 所示。

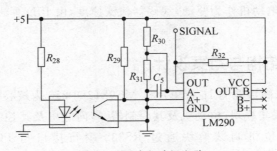

图 5-3　驱动电动机电路

5.5.3 电动机转向控制及转速调节

智能车控制系统通过电动机输出转角驱动前轮转向,电动机自身为独立的位置闭环控制系统,在负载转矩小于最大输出转矩的情况下,电动机输出转角与控制信号脉宽成线性比例关系。在本控制系统中预先标定导引线位置与控制 PWM 信号的二维映射表,电动小车自动行驶过程中,系统实时采集导引线的位置信息,通过查表给出当前 PWM 控制信号,调整电动机转向角度实现方向控制。为增强电动小车在不同目标速度下过弯时的稳定性和平顺性,可根据当前目标车速状态对输出的转向 PWM 控制信号进行调节。

本控制系统中以驱动电动机转速采样信息为反馈量,采用增量式数字 PID 控制算法,通过输出 PWM 信号对电动机实现闭环控制。为降低转速采样过程中的信号干扰,增强系统的稳定性,在控制软件中采用移动平均滤波法对转速采样信号进行了处理。

摄像头能获取的信息容量大、路径的设置和变更简单方便、系统柔性好,并具备性价比高、算法简便、实时性强等诸多优点。在路径信息分析过程中,采用阈值分割的优化算法,较好解决了位置信息阶跃的问题,实现了连续路径识别功能。它具有现实应用的可能和广阔的应用前景,能成为当前智能车辆导引技术研究的主流方向和发展趋势。

第6章

机器人传感器技术

在科技高度发达的今天,自动控制和自动检测在人们的日常生活与工业控制中所占的比例越来越重,这使人们的生活越来越舒适,工业生产的效率也越来越高。传感器是自动控制中的重要组成部件,是信息采集系统的重要部件。通过传感器将感受或响应的被测量转换成适合输送或检测的信号(一般为电信号),再利用计算机或电路设备对传感器输出的信号进行处理从而达到自动控制的功能。由于传感器的响应时间一般比较短,所以可通过计算机系统对工业生产进行实时控制。

机器人电控系统通常由三个基本的功能模块组成:控制器、传感器和驱动器,如图 6-1 所示。

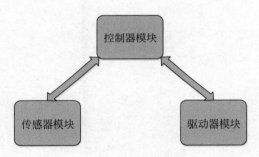

图 6-1   机器人电控系统基本组成模块

其中,控制器模块是机器人控制系统的核心和大脑,它通过传感器模块获取当前环境中的各种信息或某些指令,对信息进行加工和处理,并经过一定的决策运算后,再向系统中的驱动器发出一系列指令去完成某些任务。从图 6-1 中可看出,为了使机器人具有一定的适应能力,传感器和驱动器不可或缺。

那么,什么是传感器呢? 传感器(transducer/sensor)是一种检测装置。它能感受到被测量的信息,并能将感受到的信息,按一定规律变换成为电信号或其他所需形式的信息输出,以满足信息的传输、处理、存储、显示、记录和控制等要求。它是实现自动检测和自动控制的首要环节。在机器人研究领域,它的主要功能是感知外围环境变化,为控制器决策判断提供最直接有效信息。传感器通常由敏感元件、转换元件和信号调节转换电路三部分组成。其基本结构如图 6-2 所示。

机器人驱动器(robot actuator)是用来使机器人发出动作的动力机构,是将电能、液压

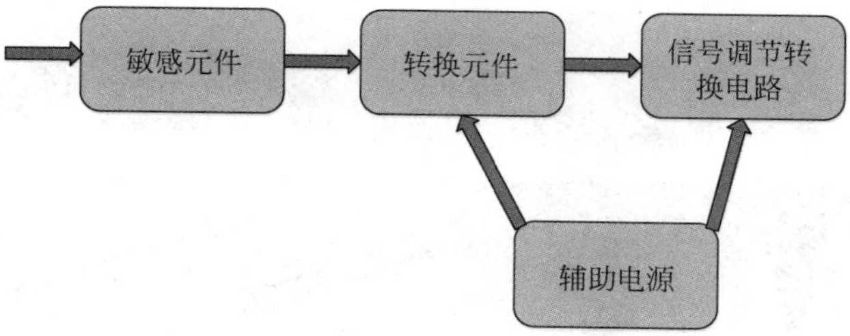

图 6-2　传感器的组成

能和气压能转化为机器人的动力。常见的机器人驱动器主要有以下几种：电气驱动器,包括直流伺服电动机、步进电动机和交流伺服电动机；液压驱动器,包括电液步进电动机和油缸；气动驱动器,包括汽缸和气动电动机；特种驱动器,包括压电体、超声波电动机、橡胶驱动器和记忆合金等。

6.1　传感器的作用

机器人在工作过程中,要不断地了解自身的运动状态,不断地获取内部信息,提供给控制系统,以保证机器人完成预定作业。对于智能机器人来说,还要不断地获取有关环境的信息,依此做出判断、决策,从而使系统适应于环境与积累经验(自学习)。要获得这两方面的信息都要依赖于传感器。此外,传感器还用于机器人的安全保护等方面。本节叙述了机器人传感器的作用；机器人常用的一些基本传感器的功能、工作原理,其中包含力、转矩、速度、加速度、位置、接近、触觉等传感器；以及对这些传感器的实际应用的一些定性分析。

机器人的传感器系统好比人的感觉器官,它赋予机器人感知自身、工作对象(如工件)及工作环境的能力,使其能在基本不变或变化的环境中工作。不装备感觉系统的第一代机器人是低等的机器人,它们不能感知外界的状态,因此在工作时,要求工作对象在操作开始之前就精确地定位,工作环境亦不能发生变化。这类机器人不具备智能,其工作范围、能力和条件等均受到限制。

机器人的感觉系统一般包括一些传感器的集合,该集合由一个或多个传感器组成。目前的传感系统大多模拟人的感觉功能。众所周知,人类主要通过五官和皮肤等实现视、听、嗅、味、触等感觉,以便感知环境的不同状态。由于人类具有一个十分完善的高质量的感觉系统,他们全身几乎任何部位都有感觉功能,而且这种功能大多不是单一的。例如,当人手拿起一个物体,至少同时感知了该物体的形状、温度、硬度、质量等信息。人类的整个感觉系统又是一个有机联系的整体,它总是从各个不同的方面和角度对外界环境及自身获得信息。

6.2　传感器的分类

传感器(如图 6-3 所示)的主要作用是给机器人提供必要的信息。例如,测量角度和位移的传感器,对于掌握手和腿的速度、移动的方向,以及被抓持物体的形状和大小都是不可缺少的。

图 6-3　各种传感器

　　根据输入信息源是位于机器人的内部还是外部,传感器可分为两大类。一类是为了感知机器人内部的状况或状态的内部测量传感器(内部传感器)。虽然与作业任务没有直接关系,但它是在机器人本身的控制中不可缺少的部分。在机器人组装的过程中,通常将内部传感器作为机器人本体的一部分进行组装。另一类是为了感知外部环境的状况或状态的外部测量传感器(外部传感器)。它是机器人适应外部环境所必需的传感器。通常根据机器人作业内容的不同,将其安装在机器人的某些特定部位,如头部、足部、腕部等。

　　随着科技的进步,传感器技术也有了长足的发展和进步。功能越来越多,测量准确的传感器被发明出来用以满足机器人研究领域中的各种应用场景。为了便于理解机器人传感器的特征和区别,有必要对传感器的结构、形态、性能、原理、用途等进行比较。

　　上述传感器分类都是最基本的,如果考虑到特殊用途,还有用于人机接口的语音传感器,以及测量硬度、振动、表面粗糙度、颜色、厚度、伤痕、湿度、烟、味觉等的特殊传感器。因此,随着科技的发展及应用情况的不同,机器人传感器的分类方法势必也会随之改进。

6.3　内部传感器

　　所谓内部传感器,就是实现内部测量功能的元器件,具体来说检测对象包括关节的位移和转角等几何量、角速度和角加速度等运动量,以及倾斜角、方位角、振动角等物理量。对这类传感器的要求是精度高、响应速度快、测量范围宽。

6.3.1 电位器

1.电位器的定义

电位器(如图 6-4 所示)是具有三个引出端,阻值可按某种变化规律调节的电阻元件。电位器通常由电阻体和可移动的电刷组成。当电刷沿电阻体移动时,在输出端即获得与位移量成一定关系的电阻值或电压值。

电位器既可作三端元件使用也可作二端元件使用。后者被视作可变电阻器,由于它在电路中的作用是获得与输入电压(外加电压)成一定关系的输出电压,因此称为电位器。

2.电位器的作用

电位器在电路中的主要作用有以下几个方面:

图 6-4 电位器

(1)用作分压器。电位器是一个连续可调的电阻器,当调节电位器的转柄或滑柄时,动触点在电阻体上滑动。此时在电位器的输出端可获得与电位器外加电压和可动臂转角或行程成一定关系的输出电压。

(2)用作变阻器。电位器用作变阻器时,应把它接成两端器件,这样在电位器的行程范围内便可获得一个平滑连续变化的电阻值。

(3)用作电流控制器。当电位器作为电流控制器使用时,其中一个选定的电流输出端必须是滑动触点引出端。

3.电位器的主要参数

电位器的主要参数有标称阻值、额定功率、分辨率、滑动噪声、阻值变化特性、耐磨性、零位电阻及温度系数等。

(1)额定功率。电位器的两个固定端上允许耗散的最大功率为电位器的额定功率。使用中应注意额定功率不等于中心抽头与固定端的功率。电位器的额定功率是指在直流或交流电路中,当大气压为 $87\sim107\mathrm{kPa}$,在规定的额定温度下长期连续负荷所允许消耗的最大功率。

(2)标称阻值。标在产品上的名义阻值,其系列与电阻的系列类似。

(3)允许误差等级。实测阻值与标称阻值误差范围根据不同精度等级可允许±20%、±10%、±5%、±2%、±1%的误差。精密电位器的精度可达 0.1%。

(4)阻值变化规律。它是指阻值随滑动片触点旋转角度(或滑动行程)之间的变化关系,这种变化关系可以是任何函数形式,常用的有直线式、对数式和反转对数式(指数式)。在使用中,直线式电位器适合于作分压器;反转对数式(指数式)电位器适合于作收音机、录音机、电唱机、电视机中的音量控制器。维修时若找不到同类品,可用直线式代替,但不宜用对数式代替。对数式电位器只适合于作音调控制等。

6.3.2 编码器

1.编码器的定义

编码器(encoder)是将信号(如比特流)或数据进行编制、转换为可用以通信、传输和存储的信号形式的设备。编码器把角或直线位移转换成电信号,前者称为码盘,后者称为码尺。按照读出方式,编码器可分为接触式和非接触式两种;按照工作原理,编码器可分为增量式和绝对式两类。增量式编码器是将位移转换成周期性的电信号,再把这个电信号转变成计数脉冲,用脉冲的个数表示位移的大小。绝对值编码器的每一个位置对应一个确定的数字码,因此它的示值只与测量的起始和终止位置有关,而与测量的中间过程无关。

2. 编码器的分类

按照不同的分类形式,编码器(如图 6-5 所示)可以分为不同的种类,图 6-6 所示是各种类型的编码器示意图。一般来说,在自动控制领域编码器可按以下方式来分类:

(1) 按码盘的刻孔方式不同分为增量型和绝对值型。增量型就是每转过单位的角度就发出一个脉冲信号(也有发正余弦信号,然后对其进行细分,斩波出频率更高的脉冲),通常为 A 相、B 相、Z 相输出,A 相、B 相为相互延迟 1/4 周期的脉冲输出,根据延迟关系可以区别正反转,而且通过取 A 相、B 相的上升和下降沿可以进行 2 或 4 倍频;Z 相为单圈脉冲,即每圈发出一个脉冲。绝对值型就是对应一圈,每个基准的角

图 6-5 编码器

度发出一个唯一与该角度对应二进制的数值,通过外部记圈器件可以进行多个位置的记录和测量。

(2) 按信号的输出类型分为电压输出、集电极开路输出、推拉互补输出和长线驱动输出。

(3) 以编码器机械安装形式分类可以分为有轴型和轴套型两种。有轴型又可分为夹紧法兰型、同步法兰型和伺服安装型等;轴套型可分为半空型、全空型和大口径型等。

(4) 以编码器工作原理可分为光电式、磁电式和触点电刷式。

3. 编码器的选型注意事项

(1) 机械安装尺寸,包括定位止口,轴径,安装孔位;电缆出线方式;安装空间体积;工作环境防护等级是否满足要求。

(2) 分辨率,即编码器工作时每圈输出的脉冲数是否满足设计使用精度要求。

(3) 电气接口。编码器输出方式常见有推拉输出(F 型 HTL 格式)、电压输出(E)、集电极开路输出(C,常见 C1 为 NPN 型管输出,C2 为 PNP 型管输出)、长线驱动器输出。其输出方式应和其控制系统的接口电路相匹配。

4. 编码器的安装使用

绝对值型旋转编码器的机械安装有高速端安装、低速端安装、辅助机械装置安装等多种形式。

(1) 高速端安装:安装于动力马达转轴端(或齿轮连接)。此方法的优点是分辨率高,由于多圈编码器有 4096 圈,马达转动圈数在此量程范围内,可充分利用量程来提高分辨率。缺点是运动物体通过减速齿轮后,来回程有齿轮间隙误差,一般用于单向高精度控制定位,例如轧钢的辊缝控制。另外,编码器直接安装于高速端,马达抖动需较小,不然易损坏编码器。

(2) 低速端安装:安装于减速齿轮后,如卷扬钢丝绳卷筒的轴端或最后一节减速齿轮

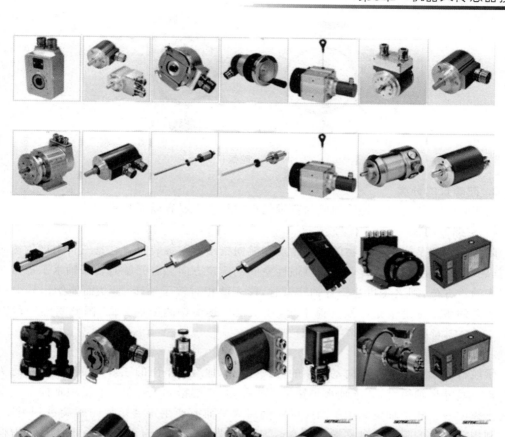

图 6-6　各种编码器

轴端。此方法已无齿轮来回程间隙,测量较直接,精度较高,此方法一般测量长距离定位,例如各种提升设备,送料小车定位等。

（3）辅助机械装置安装:常用的有齿轮齿条、链条皮带、摩擦转轮、收绳机械等。

6.3.3　陀螺仪

1. 陀螺仪的定义

陀螺仪(如图 6-7 所示)是用高速回转体的动量矩敏感壳体相对惯性空间绕正交于自转轴的一个或两个轴的角运动检测装置。利用其他原理制成的起同样功能的角运动检测装置也称陀螺仪。

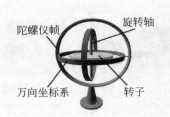

图 6-7 陀螺仪

2. 陀螺仪的分类

利用陀螺仪的动力学特性制成的各种仪表或装置主要有以下几种：

1）陀螺方向仪

陀螺方向仪是能给飞行物体转弯角度和航向指示的陀螺装置。它是三自由度均衡陀螺仪，其底座固连在飞机上，转子轴提供惯性空间的给定方向。若开始时转子轴水平放置并指向仪表的零方位，则当飞机绕铅直轴转弯时，仪表就相对转子轴转动，从而能给出转弯的角度和航向的指示。由于摩擦及其他干扰，转子轴会逐渐偏离原始方向，因此每隔一段时间（如 15min）需对照精密罗盘作一次人工调整。

2）陀螺罗盘

供航行和飞行物体作方向基准用的寻找并跟踪地理子午面的三自由度陀螺仪被称为陀螺罗盘。其外环轴铅直，转子轴水平置于子午面内，正端指北；其重心沿铅垂轴向下或向上偏离支撑中心。转子轴偏离子午面时同时偏离水平面而产生重转矩使陀螺旋进到子午面，这种利用重转矩的陀螺罗盘称摆式罗盘。21 世纪发展为利用自动控制系统代替重力摆的电控陀螺罗盘，并创造出能同时指示水平面和子午面的平台罗盘。

3）陀螺垂直仪

利用摆式敏感元件对三自由度陀螺仪施加修正转矩以指示地垂线的仪表，又称陀螺水平仪。该陀螺仪的壳体利用随动系统跟踪转子轴位置，当转子轴偏离地垂线时，固定在壳体上的摆式敏感元件输出信号使转矩器产生修正转矩，转子轴在转矩作用下旋进回到地垂线位置。陀螺垂直仪是除陀螺摆以外应用于航空和航海导航系统的又一种地垂线指示或量测仪表。

4）陀螺稳定器

陀螺稳定器的稳定船体的陀螺装置。在 20 世纪初使用的施利克被动式稳定器实质上是一个装在船上的大型二自由度重力陀螺仪，其转子轴铅直放置，框架轴平行于船的横轴。当船体侧摇时，陀螺转矩迫使框架携带转子一起相对于船体旋进。这种摇摆式旋进引起另一个陀螺转矩，并对船体产生稳定作用。斯佩里主动式稳定器是在上述装置的基础上增加一个小型操纵陀螺仪，其转子沿船横轴放置。一旦船体侧倾，小陀螺沿其铅直轴旋进，从而使主陀螺仪框架轴上的控制马达及时开动，在该轴上施加与原陀螺转矩方向相同的主动转矩，借以加强框架的旋进和由此旋进产生的对船体的稳定作用。

5）速率陀螺仪

用以直接测定运载器角速率的二自由度陀螺装置叫速率陀螺仪。把均衡陀螺仪的外环固定在运载器上并令内环轴垂直于要测量角速率的轴。当运载器连同外环以角速度绕测量轴旋进时，陀螺转矩将迫使内环连同转子一起相对运载器旋进。陀螺仪中有弹簧限制这个相对旋进,而内环的旋进角正比于弹簧的变形量。由平衡时的内环旋进角即可求得陀螺转矩和运载器的角速率。积分陀螺仪与速率陀螺仪的不同在于用线性阻尼器代替弹簧约束。当运载器作任意变速转动时,积分陀螺仪的输出量是绕测量轴的转角(即角速度的积分)。以上两种陀螺仪在远距离测量系统或自动控制、惯性导航平台中使用较多。

6) 陀螺稳定平台

陀螺稳定平台是以陀螺仪为核心元件,使被稳定对象相对惯性空间的给定姿态保持稳定的装置。通常利用由外环和内环构制成平台框架轴上的转矩器,以产生转矩与干扰转矩为保持平衡使陀螺仪停止旋进的稳定平台称为动力陀螺稳定器。陀螺稳定平台根据对象能保持稳定的转轴数目分为单轴、双轴和三轴陀螺稳定平台。它可用来稳定那些需要精确定向的仪表和设备,如测量仪器、天线等,因此已广泛用于航空和航海的导航系统及火控、雷达的万向支架支撑。根据不同原理方案使用各种不同类型陀螺仪为元件,其中利用陀螺旋进产生的陀螺转矩抵抗干扰转矩,然后输出信号控制照相系统。

陀螺仪传感器是一个简单易用的基于自由空间移动和手势定位的控制系统。在假想的平面上挥动鼠标,屏幕上的光标就会跟着移动,并绕着链接画圈和点击按键。当正在演讲或离开桌子时,这些操作都能够很方便地实现。陀螺仪传感器原本应用在直升机模型上,现在已经被广泛运用于手机这类移动便携设备上(iPhone 的三轴陀螺仪技术)。

7) 光纤陀螺仪

光纤陀螺仪是以光导纤维线圈为基础的敏感元件,由激光二极管发射出的光线朝两个方向沿光导纤维传播。光传播路径的变化决定了敏感元件的角位移。光纤陀螺仪与传统的机械陀螺仪相比,其优点是全固态,没有旋转部件和摩擦部件,寿命长,动态范围大,瞬时起动,结构简单,尺寸小,质量轻。与激光陀螺仪相比,光纤陀螺仪没有闭锁问题,也不需要在石英块上精密加工出光路,具有成本低的优势。

8) 激光陀螺仪

激光陀螺仪的原理是利用光程差来测量旋转角速度。在闭合光路中,由同一光源发出的沿顺时针方向和逆时针方向传输的两束光和光干涉,利用检测相位差或干涉条纹的变化,就可测出闭合光路旋转角速度。

9) MEMS 陀螺仪

基于 MEMS 的陀螺仪价格相比光纤或者激光陀螺仪便宜很多,但它的使用精度低,需要使用参考传感器进行补偿,以提高其使用精度。ADI 公司是低成本的 MEMS 陀螺仪制造商,VMSENS 提供的 AHRS 系统正是通过这种方式,对低成本的 MEMS 陀螺仪进行辅助补偿实现的。基于 MEMS 技术的陀螺仪成本低,能批量生产,已经广泛应用于汽车牵引控制系统、医用设备、军事设备等低成本需求应用中。

3. 陀螺仪的用途

陀螺仪器最早用于航海导航,但随着科学技术的发展,它在航空和航天事业中也得到广泛的应用。陀螺仪器不仅可以作为指示仪表,更重要的是它可以作为自动控制系统中的一个敏感元件,即信号传感器。根据需要,陀螺仪器能提供准确的方位、水平、位置、速度和加速度等信号,以便驾驶员用自动导航仪来控制飞机、舰船或航天飞机等航行体按一定的航线飞行。而在导弹、卫星运载器或空间探测火箭等航行体的制导中,则直接利用这些信号完成航行体的姿态控制和轨道控制。作为稳定器,陀螺仪器能使列车在单轨上行驶;能减小船舶在风浪中的摇摆；能使安装在飞机或卫星上的照相机相对地面稳定等。作为精密测试仪器，陀螺仪器能够为地面设施、矿山隧道、地下铁路、石油钻探以及导弹发射井等提供准确的方位基准。由此可见，陀螺仪器的应用范围相当广泛，它在现代化的国防建设和国民经济建设中均占重要的地位。

MEMS 陀螺仪（微机械）可应用于航空、航天、航海、兵器、汽车、生物医学、环境监控等领域。并且 MEMS 陀螺仪相比传统的陀螺仪有明显的优势：

（1）体积小、质量轻。适合于对安装空间和重量要求苛刻的场合，例如弹载测量等。

（2）低成本。

（3）高可靠性。内部无转动部件，全固态装置，抗大过载冲击，工作寿命长。

（4）低功耗。

（5）大量程。适于高转速大 g 值的场合。

（6）易于数字化、智能化。可数字输出，温度补偿，零位校正等。

6.3.4 电子罗盘

1. 电子罗盘的定义

电子罗盘（如图 6-8 所示），又称数字罗盘。在现代技术条件中电子罗盘作为导航仪器或姿态传感器已被广泛应用。电子罗盘与传统指针式和平衡架结构罗盘相比能耗低、体积小、质量轻、精度高、可微型化，其输出信号通过处理可实现数码显示，不仅可以用来指向，其数字信号还可直接送到自动舵，控制船舶的操纵。目前，广为使用的是三轴捷联磁阻式数字磁罗盘，这种罗盘具有抗摇动和抗震性、航向精度较高、对干扰场有电子补偿、可集成到控制回路中进行数据链接等优点，因而广泛应用于航空、航天、机器人、航海、车辆自主导航等领域。

图 6-8 电子罗盘

2. 电子罗盘的功能

电子罗盘可以分为平面电子罗盘和三维电子罗盘。平面电子罗盘要求用户在使用时必须保持罗盘的水平，否则当罗盘发生倾斜时，也会给出航向的变化而实际上航向并没有变化。虽然平面电子罗盘对使用要求很高，但如果能保证罗盘所附载体始终水平，平面罗盘是一种性价比很好的选择。三维电子罗盘克服了平面电子罗盘在使用中的严格限制，因为三维电子罗盘在其内部加入了倾角传感器，如果电子罗盘发生倾斜时可以对罗盘进行倾斜补偿，这样即使罗盘发生倾斜，航向数据依然准确无误。有时为了克服温度漂移，罗盘也可内置温度补偿，最大限度减少倾斜角和指向角的温度漂移。

3. 电子罗盘的工作原理

三维电子罗盘由三维磁阻传感器、双轴倾角传感器和 MCU 构成。三维磁阻传感器用来测量地球磁场；双轴倾角传感器是在磁力仪非水平状态时进行补偿；MCU 处理磁力仪和倾角传感器的信号以及数据输出和软铁、硬铁补偿。该磁力仪是采用三个互相垂直的磁阻传感器，每个轴向上的传感器检测在该方向上的地磁场强度。向前的方向称为 X 方向的传感器，检测地磁场在 X 方向的矢量值；向左或 Y 方向的传感器检测地磁场在 Y 方向的矢量值；向下或 Z 方向的传感器检测地磁场在 Z 方向的矢量值。每个方向的传感器的灵敏度都已根据在该方向上地磁场的分矢量调整到最佳点，并具有非常低的横轴灵敏度。传感器产生的模拟输出信号进行放大后送入 MCU 进行处理。磁场测量范围为 ±2Gauss。通过采用 12 位 A/D 转换器，磁力仪能够分辨出小于 1mGauss 的磁场变化量，用户便可通过该高分辨率来准确测量出 200～300mGauss 的 X 和 Y 方向的磁场强度。不论在赤道上的向上变化还是在南北极的更低值位置，仅用地磁场在 X 和 Y 的两个分矢量值便可确定方位值：

$$\text{Azimuth} = \arctan(Y/X)$$

该关系式是在检测仪器与地表面平行时才成立。当仪器发生倾斜时，方位值的准确性将要受到很大的影响，该误差的大小取决于仪器所处的位置和倾斜角的大小。为减少该误差的影响，采用双轴倾角传感器来测量俯仰和侧倾角，这个俯仰角被定义为由前向后方向的角度变化。而侧倾角则为由左到右方向的角度变化。电子罗盘将俯仰和侧倾角的数据经过转换计算，将磁力仪在三个轴向上的矢量在原来的位置"拉"回到水平的位置。

标准的转换计算式如下：

$$X_r = X\cos\alpha + Y\sin\alpha\sin\beta - Z\cos\beta\sin\alpha$$
$$Y_r = Y\cos\beta + Z\sin\beta$$

式中　X_r 和 Y_r——要转换到水平位置的值；

　　　α——俯仰角；

　　　β——侧倾角。

从以上这三个计算公式可以看出，在整个补偿技术中 Z 轴向的矢量扮演一个非常重要的角色。要正确运用这些值，俯仰和侧倾角的数字必须时刻更新。采用双轴宽线性量程范围、高分辨率、温漂系数低的陶瓷基体电解质传感器来测量俯仰角和侧倾角，倾角数值经过电路板上的温度传感器补偿后得出。

4. 电子罗盘的应用

电子罗盘可应用于水平孔和垂直孔测量、水下勘探、飞行器导航、科学研究、教育培训、建筑物定位、设备维护、导航系统、测速、仿真系统、GPS 备份、汽车指南针及虚拟现实等领域。

6.3.5　GPS

1. GPS 的定义

GPS 是英文 Global Positioning System(全球定位系统)的简称。GPS 起始于 1958 年美国军方的一个项目，1964 年投入使用。20 世纪 70 年代，美国陆海空三军联合研制了新一代卫星定位系统 GPS，主要目的是为陆海空三大领域提供实时、全天候和全球性的导航服务，并用于情报搜集、核爆监测和应急通信等一些军事目的。经过 20 余年的研究实验，耗资 300 亿美元，到 1994 年，全球覆盖率高达 98% 的 24 颗 GPS 卫星星座已布设完成。在机械领域 GPS 则有另外一种含义——产品几何技术规范(geometrical product specifications，GPS)，另外一种含义为 G/s(GB per second)。GPS(generalized processor sharing)广义为处理器分享，是网络服务质量控制中的专用术语。

GPS 模块(如图 6-9 所示)系统采用第三代高线式 SiRF Star Ⅲ。该芯片是小于 10m 的定位精度，能够同

图 6-9　GPS 模块

时追踪 20 个卫星信道。它内部的可充电电池可以保持星历数据,快速定位。

波特率 4800bit/s。该模块采用 MMCX GPS 天线接口,为 6 线连接器。数据线接口电缆输出,使用简单,一般情况下只需要使用三个输出线。第一输出线连接 3.5～5.5V 的直流供电,第五脚是电源,引脚的第二行是 GPS 测量,输出的是 TTL 电平信号,串行端口,高电平大于 2.4V,低电平小于 400mV,输出驱动器的起动引脚直接与单片机连接。如果只使用默认设置,单片机读取数据只能从 GPS 模块读取。

2. GPS 定位系统结构组成

1) 空间部分

GPS 的空间部分由 24 颗卫星组成(21 颗工作卫星、3 颗备用卫星),它位于距地表 20200km 的上空,运行周期为 12h。卫星均匀分布在 6 个轨道面上(每个轨道面 4 颗),轨道倾角为 55°。卫星的分布使得在全球任何地方、任何时间都可观测到 4 颗以上的卫星,并能在卫星中预存导航信息。GPS 的卫星因为大气摩擦等问题,随着时间的推移,导航精度会逐渐降低。

2) 地面控制系统

地面控制系统由监测站(monitor station)、主控制站(master monitor station)、地面天线(ground antenna)组成。主控制站位于美国科罗拉多州春田市(Colorado. Springfield)。地面控制站负责收集由卫星传回的信息,并计算卫星星历、相对距离、大气校正等数据。

3) 用户设备部分

用户设备部分即 GPS 信号接收机,其主要功能是能够捕获到按一定卫星截止角所选择的待测卫星,并跟踪这些卫星的运行。当接收机捕获到跟踪的卫星信号后,就可测量出接收天线至卫星的伪距离和距离的变化率,解调出卫星轨道参数等数据。根据这些数据,接收机中的微处理计算机就可按定位解算方法进行定位计算,计算出用户所在地理位置的经纬度、高度、速度、时间等信息。接收机硬件和机内软件以及 GPS 数据的后处理软件包构成完整的 GPS 用户设备。GPS 接收机的结构分为天线单元和接收单元两部分。接收机一般采用机内和机外两种直流电源。设置机内电源的目的在于更换外电源时不中断连续观测,因为在用机外电源时机内电池能自动充电。关机后机内电池为 RAM 存储器供电以防止数据丢失。各种类型的接收机体积越来越小,质量越来越轻,便于野外观测使用。使用者接收器分为单频与双频两种,但由于价格因素,使用者一般所购买的多为单频接收器。

3. GPS 的应用

1) 道路工程中的应用

GPS 在道路工程中主要用于建立各种道路工程控制网及测定航测外控点等。随着高等级公路的迅速发展,对勘测技术提出了更高的要求,由于其线路长,已知点少,因此,用常规测量手段不仅布网困难,而且难以满足高精度的要求。中国已逐步采用 GPS 技术建立线路首级高精度控制网,然后用常规方法布设导线加密。实践证明,在几十千米范围内的点位误差只有 2cm 左右,达到了常规方法难以实现的精度,同时也大大提前了工期。GPS 技术同样应用于特大桥梁的控制测量中。由于无须通视,即可构成较强的网形,提高点位精度,同时对检测常规测量的支点也非常有效。GPS技术在隧道测量中也具有广泛的应用前景，GPS测量无须通视，减少了常规方法的中间环节，因此，速度快、精度高，具有明显的经济和社会效益。

2）巡更应用

GPS运用到电子巡更里具有一定的优势。如果是一个较长、较远的巡检线路，则不需要安装巡检点，可直接从卫星上取得坐标信号。它主要适用于长距离巡更、巡检，如电信、森林防火、石化油气管道勘查等。根据澳普门禁的左光智介绍："GPS容易受环境的影响，如因为阴天的森林或天上有云，电离层会对卫星信号产生影响甚至有可能定位不到。"GPS耗电量大，成本高，但其最大的局限性是GPS不能在封闭的空间内使用，如大楼里面，而巡更产品却大部分用于室内。

3）汽车导航和交通管理中的应用

利用GPS和电子地图可以实时跟踪车辆显示出车辆的实际位置，并可任意放大、缩小、还原、换图；也可以随目标移动，使目标始终保持在屏幕上；还可实现多窗口、多车辆、多屏幕同时跟踪。利用该功能可对重要车辆和货物进行跟踪运输。

（1）提供出行路线规划和导航：提供出行路线规划是汽车导航系统的一项重要辅助功能，它包括自动线路规划和人工线路设计。自动线路规划是由驾驶者确定起点和目的地，由计算机软件按要求自动设计最佳行驶路线，包括最快的路线、最简单的路线、通过高速公路路段次数最少的路线计算。人工线路设计是由驾驶员根据自己的目的地设计起点、终点和途经点等，自动建立路线库。线路规划完毕后，显示器能够在电子地图上显示设计路线，并同时显示汽车运行路径和运行方法。

（2）信息查询：它为用户提供主要物标，如旅游景点、宾馆、医院等数据库，用户能够在电子地图上显示其位置。同时，监测中心可以利用监测控制台对区域内的任意目标所在位置进行查询，车辆信息将以数字形式在控制中心的电子地图上显示出来。

（3）话务指挥：指挥中心可以监测区域内车辆运行状况，对被监控车辆进行合理调度。指挥中心也可随时与被跟踪目标通话，实行管理。

（4）紧急援助：通过GPS定位和监控管理系统可以对遇有险情或发生事故的车辆进行紧急援助。监控台的电子地图显示求助信息和报警目标，规划最优援助方案，并以报警声光提醒值班人员进行应急处理。

4）其他应用

GPS除了用于导航、定位、测量外，由于GPS系统在空间卫星上载有的精确时钟可以发布时间和频率信息，因此以空间卫星上的精确时钟为基础，在地面监测站的监控下，传送精确时间和频率是GPS的另一重要应用。该功能可进行精确时间或频率的控制为许多工程实验服务。此外，还可利用GPS获得气象数据，为某些实验和工程服务。以GPS的时间为基准为领域内的设备提供时间服务，是时间服务器基准时间的重要来源。

GPS开发是最具有开创意义的高新技术之一，其全球性、全能性、全天候性的导航定位、定时、测速优势必然会在诸多领域中得到越来越广泛的应用。在发达国家，GPS技术已经应用于交通运输和交通工程。GPS技术在中国道路工程和交通管理中的应用还刚刚起步，随着我国经济的发展，高等级公路的快速修建和GPS技术应用研究的逐步深入，其在道路工程中的应用也会更加广泛和深入，并发挥更大的作用。

6.4 外部传感器

机器人安装了触觉、视觉、力觉、接近觉、超声波和听觉传感器,可使它能够更充分地完成复杂的工作。

6.4.1 接近开关

1. 接近开关的定义

接近开关是一种无须与运动部件进行机械直接接触而可以操作的位置开关,当物体接近开关的感应面到动作距离时,不需要机械接触或施加任何压力即可使开关动作,从而驱动直流电器或给计算机(PLC)装置提供控制指令。接近开关是一种开关型传感器(即无触点开关),它既有行程开关、微动开关的特性,同时具有传感性能,且动作可靠,性能稳定,频率响应快,应用寿命长,抗干扰能力强等优点,并具有防水、防震、耐腐蚀等特点。接近开关产品有电感式、电容式、霍尔式、交/直流型等。

接近开关又称无触点接近开关,是理想的电子开关量传感器。当金属检测体接近开关的感应区域时开关就能无接触、无压力、无火花地迅速发出电气指令,并准确反应出运动机构的位置和行程。它即使用于一般的行程控制,其定位精度、操作频率、使用寿命、安装调整的方便性和对恶劣环境的适用能力,也是一般机械式行程开关所不能相比的。接近开关广泛应用于机床、冶金、化工、轻纺和印刷等行业,在自动控制系统中也可作为限位、计数、定位控制和自动保护环节。

2. 接近开关的分类

位移传感器可根据不同的原理和方法制成,而不同的位移传感器对物体的"感知"方法也不同,所以常见的接近开关有以下几种:

1) 无源接近开关

如图 6-10 所示,这种开关不需要电源,它是通过磁力感应控制开关的闭合状态。当磁或铁质触发器靠近开关磁场时和开关内部磁力作用控制闭合。无源接近开关的特点是不需要电源、非接触式、免维护,又环保。

2) 涡流式接近开关

涡流式接近开关(如图 6-11 所示)有时也叫电感式接近开关。它是利用导电物体在接近这个能产生电磁场的接近开关时,使物体内部产生涡流。这个涡流反作用到接近开关,使开关内部电路参数发生变化,由此识别出有无导电物体移近,进而控制开关的通或断。这种接近开关所能检测的物体必须是导电体。

图 6-10 无源接近开关

图 6-11 涡流式接近开关

涡流式接近开关原理是由电感线圈和电容及晶体管组成振荡器,并产生一个交变磁场,当有金属物体接近这一磁场时就会在金属物体内产生涡流,从而导致振荡停止,这种变化被后极放大处理后转换成晶体管开关信号输出。涡流式接近开关具有如下特点:

(1) 抗干扰性能好,开关频率高,大于 200Hz。

(2) 只能感应金属,可作位置检测、计数信号拾取等应用在各种机械设备上。

3) 电容式接近开关

电容式接近开关的测量通常是构成电容器的一个极板,而另一个极板是开关的外壳。这个外壳在测量过程中通常是接地或与设备的机壳相连接。当有物体移向接近开关时,不论它是否为导体,总要使电容的介电常数发生变化,从而使电容量发生变化,使得和测量头相连的电路状态也随之发生变化,由此便可控制开关的接通或断开。这种接近开关检测的对象不限于导体,也可以是绝缘的液体或粉状物等。

4) 霍尔接近开关

霍尔元件是一种磁敏元件。利用霍尔元件做成的开关叫作霍尔开关(如图 6-12 所示)。当磁性物件移近霍尔开关时,开关检测面上的霍尔元件因产生霍尔效应而使开关内部电路状态发生变化,由此识别附近有磁性物体存在,进而控制开关的通或断。这种接近开关的检测对象必须是磁性物体。

图 6-12 霍尔接近开关

5) 光电式接近开关

利用光电效应做成的开关叫作光电开关。将发光器件与光电器件按一定方向装在同一个检测头内,当有反光面(被检测物体)接近时,光电器件接收到反射光后便在信号端输出,由此便可"感知"有物体接近。

6) 其他型式

当观察者或系统与波源的距离发生改变时,接收到的波的频率会发生偏移,这种现象称为多普勒效应。声呐和雷达就是利用这个原理制成。利用多普勒效应可制成超声波接近开关、微波接近开关等。当有物体移近时,接近开关接收到的反射信号会产生多普勒频移,由此可以识别出有无物体接近。

3. 接近开关的选型原则

对于不同材质的检测体和不同的检测距离,应选用不同类型的接近开关,以使其在系统中具有高的性价比。为此在选型时应遵循以下原则:

(1) 当检测体为金属材料时,应选用高频振荡型接近开关,该类型接近开关对铁镍、A3钢类检测体检测最灵敏。对铝、黄铜和不锈钢类检测体的检测灵敏度低。

(2) 当检测体为木材、纸张、塑料、玻璃和水等非金属材料时,应选用电容型接近开关。

(3) 金属体和非金属要进行远距离检测和控制时,应选用光电型接近开关或超声波型接近开关。

(4) 当检测体为金属时,若检测灵敏度要求不高,则可选用价格低廉的磁性接近开关或霍尔接近开关。

4. 接近开关的检测

(1) 动作距离测定：当动作片由正面靠近接近开关的感应面时,使接近开关动作的距离为接近开关的最大动作距离,测得的数据应在产品的参数范围内。

(2) 释放距离的测定：当动作片由正面离开接近开关的感应面,开关由动作转为释放时,测定动作片离开感应面的最大距离。

(3) 回差 H 的测定：最大动作距离和释放距离之差的绝对值。

(4) 动作频率测定：用调速电动机带动胶木圆盘,在圆盘上固定若干钢片,调整开关感应面和动作片间的距离,约为开关动作距离的 80%。转动圆盘,依次使动作片靠近接近开关,在圆盘主轴上装有测速装置,开关输出信号经整形,接至数字频率计。此时启动电动机,逐步提高转速,在转速与动作片的乘积与频率计数相等的条件下,可由频率计直接读出开关的动作频率。

(5) 重复精度测定：将动作片固定在量具上,由开关动作距离的 120% 以外,从开关感应面正面靠近开关的动作区,运动速度控制在 0.1mm/s 上。当开关动作时,读出量具上的读数,然后退出动作区,使开关断开。如此重复 10 次,最后计算 10 次测量值的最大值和最小值与 10 次平均值之差,差值大者为重复精度误差。

5. 接近开关的应用场合

接近开关在航空、航天技术以及工业生产中都有广泛的应用。在日常生活中,如宾馆、饭店、车库的自动门,自动热风机上都有应用;在资料档案、财会、金融、博物馆、金库等重地的安全防盗方面通常都装有由各种接近开关组成的防盗装置;在长度、位置的测量中,在位移、速度、加速度的测量和控制技术中,也都使用着大量的接近开关。

6.4.2 光电开关

1. 光电开关的定义

光电开关(光电传感器)是光电接近开关的简称,它是利用被检测物对光束的遮挡或反射,由同步回路选通电路,从而检测物体的有无。物体不限于金属,所有能反射光线的物体均可被检测。光电开关将输入电流在发射器上转换为光信号射出,接收器再根据接收到的光线强弱或有无对目标物体进行探测。安防系统中常见的是光电开关烟雾报警器,工业中经常用光电开关来计数机械臂的运动次数。

2. 光电开关的工作原理

反射式光电开关的工作原理是由振荡回路产生的调制脉冲经反射电路后,用数字积分光电开关或 RC 积分方式排除干扰,最后经延时(或不延时)触发驱动器输出光电开关控制信号。在传播媒介中间利用光学元件使光束发生变化,再利用光束来反射物体,使光束发射经过长距离后瞬间返回。

光电开关由发射器、接收器和检测电路三部分组成。发射器对准目标发射光束,发射的光束一般来源于发光二极管(LED)和激光二极管。光束不间断地发射,或者改变脉冲宽度。受脉冲调制的光束辐射强度在发射中经过多次选择,朝着目标不间断地运行。接收器由光电二极管或光电三极管组成。在接收器的前面装有光学元件,如透镜和光圈等。检测电路能滤出有效信号和无用信号。

光电耦合器是以光为媒介传输电信号的一种电—光—电转换器件。它由发光源和受光器两部分组成。把发光源和受光器组装在同一密闭的壳体内,彼此间用透明绝缘体隔离。发光源的引脚为输入端,受光器的引脚为输出端,常见的发光源为发光二极管,受光器为光敏二极管、光敏三极管等。光电耦合器的种类较多,常见的有光电二极管型、光电三极管型、光敏电阻型、光控晶闸管型、光电达林顿型、集成电路型等。其工作原理是在光电耦合器输入端加电信号使发光源发光,光的强度取决于激励电流的大小,此光照射到封装在一起的受光器上后,因光电效应而产生了光电流,由受光器输出端引出,这样就实现了电—光—电的转换。

由振荡回路产生的调制脉冲经反射电路后,由发光管辐射出光脉冲。当被测物体进入受光器作用范围时,被反射回来的光脉冲进入光敏三极管。光电开关的工作是在接收电路中将光脉冲解调为电脉冲信号,再经放大器放大和同步选通整形,然后用数字积分或 RC 积分方式排除干扰,最后经延时(或不延时)触发驱动器输出光电开关控制信号。光电开关一般都具有良好的回差特性,因而即使被检测物在小范围内晃动也不会影响驱动器的输出状态,从而使其保持在稳定工作区。同时,自诊断系统还可以显示受光状态和稳定工作区,以随时监视光电开关的工作。

3. 光电开关的分类

1) 按结构分类

光电开关按结构可分为放大器分离型、放大器内藏型和电源内藏型三类。

放大器分离型是将放大器与传感器分离,并采用专用集成电路和混合安装工艺制成。由于传感器具有超小型和多品种的特点,而放大器的功能较多,因此,该类型采用端子台连接方式,并可交、直流电源通用。光电开关具有接通和断开延时功能,可设置亮、暗动切换开关,能控制 6 种输出状态,兼有接点和电平两种输出方式。

放大器内藏型是将放大器与传感器一体化,采用专用集成电路和表面安装工艺制成,使用直流电源工作。其响应速度有 0.1ms 和 1ms 两种,能检测狭小和高速运动的物体。改变电源极性可转换亮、暗度,并可设置自诊断稳定工作区指示灯。放大器兼有电压和电流两种输出方式,能防止相互干扰,在系统安装中十分方便。

电源内藏型是将放大器、传感器与电源装置一体化,采用专用集成电路和表面安装工艺制成。它一般使用交流电源,适用于在生产现场取代接触式行程开关,可直接用于强电控制电路;可自行设置自诊断稳定工作区指示灯,输出设备有 SSR 固态继电器或继电器常开、常闭接点;可防止相互干扰,并可紧密安装在系统中。

2) 按检测方式分类

按检测方式可分为对射式、漫反射式、镜面反射式、槽式光电开关和光纤式光电开关。

对射式(如图 6-13 所示)由发射器和接收器组成,结构上两者是相互分离的,在光束被中断的情况下会产生一个开关信号变化。它的典型方式是位于同一轴线上的光电开关可以相互分开达 50m。对射式的特征是可辨别不透明的反光物体;有效距离大,因为光束跨越感应距离的时间仅一次;不易受干扰,可靠合适地使用在野外或有灰尘的环境中;装置的消耗高,两个单元都必须敷设电缆。

图 6-13　对射式光电开关

漫反射式是当开关发射光束时目标产生漫反射,发射器和接收器构成单个的标准部件。当有足够的组合光返回接收器时,开关状态发生变化,作用距离的典型值一直到 3m。其特征为有效作用距离是由目标的反射能力决定,由目标表面性质和颜色决定;较小的装配开支,当开关由单个元件组成时,通常是可以达到粗定位;采用背景抑制功能调节测量距离;对目标上的灰尘敏感和对目标变化了的反射性能敏感。

镜面反射:由发射器和接收器构成的情况是一种标准配置,从发射器发出的光束在对面的反射镜被反射,即返回接收器,当光束被中断时会产生一个开关信号的变化。光的通过时间是两倍的信号持续时间,有效作用距离为 0.1～20m。它的特征是可以辨别不透明的物体;借助反射镜部件形成高有效距离范围;不易受干扰,适合使用在野外或有灰尘的环境中。

槽式光电开关(如图 6-14 所示)通常是标准的 U 字形结构,其发射器和接收器分别位于 U 形槽的两边,并形成一光轴,当被检测物体经过 U 形槽且阻断光轴时,光电开关就产生了检测到的开关量信号。槽式光电开关比较安全可靠,适合检测高速变化,分辨透明与半透明物体。

光纤式光电开关采用塑料或玻璃光纤传感器来引导光线,以实现被检测物体不在相近区域的检测。通常光纤传感器分为对射式和漫反射式(前面已讲述,此处省略)。

图 6-14　槽式光电开关

4. 光电开关的应用

光电开关已被用作物位检测、液位控制、产品计数、宽度判别、速度检测、定长剪切、孔洞识别、信号延时、自动门传感、色标检出、冲床和剪切机以及安全防护等诸多领域。此外,利用红外线的隐蔽性还可在银行、仓库、商店、办公室以及其他需要的场合作为防盗警戒之用。

常用的红外线光电开关是利用物体对近红外线光束的反射原理,由同步回路感应反射回来的光的强弱去检测物体的存在与否来实现其功能。光电传感器首先发出红外线光束到达或透过物体或镜面对红外线光束进行反射,光电传感器接收反射回来的光束,根据光束的强弱判断物体的存在。红外光电开关的种类非常多,一般来说有镜反射式、漫反射式、槽式、对射式、光纤式、光电开关等几个主要种类。

不同的场合使用不同的光电开关,在电磁振动供料器上经常使用光纤式光电开关;在间歇式包装机包装膜的供送中经常使用漫反射式光电开关;在连续式高速包装机中经常使用槽式光电开关。

5. 光电开关的使用注意事项

光电开关可用于各种场合。另外,在使用光电开关时应注意环境条件,以使光电开关能够正常可靠地工作。

(1)强光源:光电开关在环境照度较高时也能稳定工作,但应回避将传感器光轴正对太阳光、白炽灯等强光源。在不能改变传感器(受光器)光轴与强光源的角度时,可在传感器上方四周加装遮光板或套上遮光长筒。

(2)相互干扰:MGK 系列新型光电开关通常都具有自动防止相互干扰的功能,因而不必担心相互干扰。然而,HGK 系列对射式红外光电开关在几组并列靠近安装时,则应防止邻组和相互干扰。防止这种干扰最有效的办法是投光器和受光器交叉设置,超过两组时还要拉开组距,且检测距离越远,间隔也应越大,具体间隔应根据调试情况来确定。当然,也可使用不同工作频率的机种。

(3) 镜面角度:当被测物体有光泽或遇到光滑金属面时,一般反射率都很高,有近似镜面的作用,这时应将投光器与检测物体安装成 $10°\sim20°$ 的夹角,以使其光轴不垂直于被检测物体,从而防止误动作。

(4) 背景物:使用反射式扩散型投光器、受光器时,由于检测物离背景物较近或者背景是反射率较高的物体可能会使光电开关不能稳定检测。为提高检测的稳定性可以改用距离限定型投光器、受光器;也可采用远离背景物、拆除背景物、将背景物涂成无光黑色;或设法使背景物粗糙、灰暗等方法。

(5) 自诊断:在安装或使用时由于台面或背景影响以及使用振动等原因而造成光轴的微小偏移、透镜沾污、积尘、外部噪声、环境温度超出范围等问题。这些问题有可能会使光电开关偏离稳定工作区,这时可以利用光电开关的自诊断功能而使其通过 STABLITY 绿色稳定指示灯发出通知,以提醒使用者及时对其进行调整。

(6) 严禁用稀释剂等化学物品,以免损坏塑料镜。

(7) 高压线、动力线和光电传感器的配线不应放在同一配线管或用线槽内,否则会由于感应而造成(有时)光电开关的误动作或损坏,所以原则上要分别单独配线。

在下列场所有可能造成光电开关的误动作,应尽量避开:

(1) 灰尘较多的场所。

(2) 腐蚀性气体较多的场所。

(3) 水、油、化学品有可能直接飞溅的场所。

(4) 户外或太阳光等有强光直射而无遮光措施的场所。

(5) 环境温度变化超出产品规定范围的场所。

(6) 振动、冲击大,而未采取避震措施的场所。

6.4.3　红外传感器

红外传感器是传感器中常见的一类,由于红外传感器是检测红外辐射的传感器,而自然界中任何物体只要其温度高于绝对零度都将对外辐射红外能量,所以红外传感器是非常实用的传感器。利用红外传感器可以设计出很多实用的传感器模块,如红外测温仪、红外成像仪、红外人体探测报警器、自动门控制系统等。

1. 红外传感器的定义

将红外辐射能转换成电能的光敏元件称为红外传感器,也常称为红外探测器。它是红外检测系统的关键部件。红外传感器是利用物体产生红外辐射的特性,实现自动检测的传感器。在物理学中,我们已经知道可见光、不可见光、红外光及无线电等都是电磁波,其中红外线又称红外光。在光谱中波长为 $0.76\sim400\mu m$ 的一段称为红外线,红外线是不可见光线,它具有反射、折射、散射、干涉、吸收等性质。任何物质,只要它本身具有一定的温度(高于绝对零度)都能辐射红外线。当人体的某一部分在红外线区域内时红外线发射管发出的红外线由于人体遮挡反射到红外线接收管,再通过集成线路将信号发送给脉冲电磁阀,电磁阀接收信号后按指定的指令控制阀芯。红外传感器进行测量时不与被测物体直接接触,因而不存在摩擦,并且它还有灵敏度高、响应快等优点。常用的红外传感器有热传感器和光子传感器。

热传感器是利用入射红外辐射引起传感器的温度变化,及器件的某种温度敏感特性把温度变化转换成相应的电信号。它可以利用器件的某种温度敏感特性来调节电路中的电流强度的大小,从而得到相应的电信号,由此达到探测红外辐射的目的。

光子传感器利用某些半导体材料在入射光的照射下,产生光子效应,使材料电学性质发生变化,并通过测量其电学性质的变化,知道相应的红外辐射的强弱。利用光子效应所制成的红外传感器统称为光子探测器。光子探测器的主要特点是灵敏度高,响应速度快,具有较高的响应频率。但它一般需要在低温下工作,探测波段较窄。

2. 红外传感器的工作原理

(1) 很多材料能吸收红外辐射(由于分子内振动)。

(2) 对任何一种材料,它的吸收能力随波长(它的吸收光谱)变化而变化。

(3) 不同材料有不同的吸收光谱。

红外传感器运作的基本原理是依靠对以上事实的发现。

3. 红外传感器的应用

红外传感器可以应用在红外测温系统、红外成像系统、红外分析和报警与控制系统等。红外传感器在日常生活中最常见的应用是自动门控制系统和沟槽厕所节水器。

红外测温是比较先进的测温方法。它具有很多优点,适用于远距离和非接触测量;可以测量高速运动物体、带点物体和高温、高压物体的温度测量;响应时间快,一般在毫秒级;灵敏度高。它的应用范围非常广,可以适应从摄氏零下几十度到零上几千度的环境。红外测温仪由光学系统、光电探测器、信号放大器及信号处理、显示输出等部分组成。光学系统汇聚其视场内的目标红外辐射能量,视场的大小由测温仪的光学零件及其位置确定。红外能量聚焦在光电探测器上并转变为相应的电信号。该信号经过放大器和信号处理电路,并按照仪器内部的算法和目标发射率校正后转变为被测目标的温度值。

在很多场合,人们不仅需要知道物体表面的平均温度,更想了解物体的温度分布。红外成像能把物体的温度分布转换成图像以直观、形象的热图显示出来。根据成像器件的不同可以分为红外变像管、红外摄像管、光子耦合摄像器件等,其中光子耦合摄像器件是比较理想的固体成像器。

6.4.4 超声波传感器

1. 超声波传感器的定义

超声波是一种振动频率高于声波的机械波,由换能晶片在电压的激励下发生振动产生。它具有频率高、波长短、绕射现象小、方向性好,能够成为射线而定向传播等特点。超声波对液体、固体的穿透性强,尤其是在不透明的固体中,它可穿透几十米的深度。超声波碰到杂质或分界面会产生显著反射进而形成反射回波,当碰到活动物体时发生多普勒效应。基于超声波特性研制的传感器称为"超声波传感器",它广泛应用在工业、国防、生物医学等方面。

2. 超声波传感器的工作原理

人们能听到的声音是由于物体振动产生,它的频率在 20Hz~20kHz 范围内,超过 20kHz 称为超声波,低于 20Hz 的称为次声波。常用的超声波频率为几十 kHz 至几十 MHz。

　　超声波传感器工作原理如图 6-15 所示。超声波是一种在弹性介质中的机械振荡,它有两种形式:横向振荡(横波)及纵向振荡(纵波)。在工业应用中主要采用纵向振荡。超声波可以在气体、液体及固体中传播,其传播速度不同。另外,它也有折射和反射现象,并且在传播过程中衰减。在空气中衰减较快,而在液体及固体中传播时衰减较小,且传播较远。在空气中传播超声波时频率较低,一般为几十 kHz,而在固体、液体中则频率较高。利用超声波的特性,可做成各种超声波传感器,并配上不同的电路,可制成各种超声测量仪器及装置,它们广泛应用在通信、医疗、家电等领域。

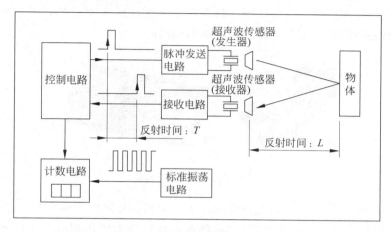

图 6-15　超声波传感器工作原理

　　超声波传感器(如图 6-16 所示)的主要材料有压电晶体(电致伸缩)及镍铁铝合金(磁致伸缩)两类。压电晶体组成的超声波传感器是一种可逆传感器,它可以将电能转变成机械振荡而产生超声波,同时它接收到超声波时,也能转变成电能,所以它可分成发送器和接收器。有的超声波传感器既能作发送,也能作接收。

图 6-16　超声波传感器

　　这里介绍的小型超声波传感器,其发送与接收略有差别,它适于在空气中传播,工作频率一般为 23～25kHz 及 40～45kHz。这类传感器应用于测距、遥控、防盗等。超声波传感器有 T/R 40-60、T/R 40-12 等(T 为发送,R 为接收,40 表示频率为 40kHz,60 及 12 表示其外径尺寸,mm)。另一种 MA40EI 型密封式超声波传感器的特点是具有防水作用,它可以作料位及接近开关用,其性能较好。超声波应用有三种基本类型:透射型用于遥控器,防盗报警器、自动门、接近开关等;分离式反射型用于测距、液位或料位;反射型用于材料探伤、测厚等。

　　超声波传感器由发送传感器、接收传感器、控制部分与电源部分组成。发送传感器由发送器与使用直径为 15mm 左右的陶瓷振子换能器组成,换能器作用是将陶瓷振子的电振动能量转换成超能量并向空中辐射;接收传感器由陶瓷振子换能器与放大电路组成。换能器接收波产生机械振动,将其变换成电能量,作为传感器接收器的输出,从而对发送的波进行检测。实际使用中,用作发送传感器的陶瓷振子也可以用作接收传感器的陶瓷振子。控制部分主要对发送器发出的脉冲链频率、占空比、稀疏调制和计数及探测距离等进行控制。

3. 超声波传感器的应用

超声波传感技术（如图 6-17 所示）应用在生产实践的各个方面，而医学应用是其最主要的应用之一，下面以医学为例说明超声波传感技术的应用。超声波在医学上的应用主要是诊断疾病，它已经成为了临床医学中不可缺少的诊断方法。用超声波诊断的优点是受检者无痛苦、无损害、方法简便、显像清晰、诊断的准确率高等，因而推广容易，受到医务工作者和患者的欢迎。超声波诊断可基于不同的医学原理，下面来看看其中具有代表性的 A 型方法。该方法利用了超声波的反射原理，当超声波在人体组织中传播遇到两层声阻抗不同的介质界面时，在该界面就产生反射回声。每遇到一个反射面时，回声在示波器的屏幕上显示出来，而两个界面的阻抗差值也决定了回声振幅的高低。

图 6-17　超声波传感器的应用

在工业中，超声波的典型应用是对金属的无损探伤和超声波测厚两种。过去，许多技术因为无法探测到物体组织内部而受到阻碍，超声波传感技术的出现改变了这种状况。当然更多的超声波传感器是固定地安装在不同的装置上，"悄无声息"地探测人们所需要的信号。在未来的应用中，超声波将与信息技术、新材料技术结合起来，产生更多智能化、高灵敏度的超声波传感器。超声波传感器在以下几个方面也有不同程度的应用：

（1）超声波传感器可对集装箱状态进行探测。将超声波传感器安装在塑料熔体罐或塑料粒料室顶部，向集装箱内部发出声波时，就可以据此分析集装箱的状态，如满、空或半满等。

（2）超声波传感器可用于检测透明物体、液体、任何表面粗糙或光滑的密致材料和不规则物体。但不适用于室外、酷热环境或压力罐以及泡沫物体。

（3）超声波传感器可应用于食品加工厂，实现塑料包装检测的闭环控制系统。配合新的技术可在潮湿环境如洗瓶机、噪音环境、温度极剧烈变化环境等进行探测。

（4）超声波传感器可用于控制张力以及测量距离，流程监控以提高产品质量、检测缺陷、确定有无以及其他方面。它主要为包装、制瓶、物料搬运检验煤的设备、塑料加工以及汽车行业等。

（5）使用超声波传感器技术防止踩错踏板。日产汽车开发出了防止在要踩刹车时误踩成油门而使车辆加速的功能。当使用摄像头和超声波传感器推断出"要在停车场上停车"的情况时，如果驾驶员踩成了油门就会强制刹车。该技术预计在 2～3 年内实用化。为了防止在停车场停车时踩错刹车和油门造成事故，它在车辆前后左右各配备一个共 4 个摄像头和前、后保险杠各配备 4 个共 8 个超声波传感器。4 个摄像头沿用了显示车辆周围俯瞰影像的"环视显示器"，并利用其识别出白线等以推断汽车是否位于停车场，最终，利用超声波传感器测量出汽车与周围障碍物之间的距离来确定刹车时机。

防止因踩错刹车和油门而造成事故分两步实施。当驾驶员在停车场想停车时,如果踩成了油门,则先将车速减至蠕滑速度,用仪表板的图标来提示危险,并响起警报声。如果驾驶员仍继续踩油门而即将撞上墙壁等物体时会强制刹车。刹车时机为保证汽车在与障碍物相距 $20\sim30\mathrm{cm}$ 左右时停下来。

6.5　传感器的检测

传感器检测装置能感受到被测量的信息,并能将感受到的信息按一定规律变换成电信号或其他所需形式的信息输出,以满足信息的传输、处理、存储、显示、记录和控制等要求。

6.5.1　位置和角度检测

1. 设定位置和角度的检测

可以用 ON/OFF 两个值检测预先设定的位置或角度,即检测机器人的起始位置、极限位置等。

微型开关(microswitch)通常作为限位开关使用。当设定的位置或力作用到它的可执行部位时,开关便断开或接通。

光电开关(photo-interrupter)是由 LED 光源和二极管或光电三极管等光敏元件,相隔一定距离而构成的透光式开关。它利用被检测物体光束的遮挡或反射,由同步回路选通电路,从而检测物体的有无。非接触式检测是它的特点,因此其检测精度受到一定限制。

2. 任意位置和角度的检测

1) 电位器(pontentionmeter)

电位器一般由环状或棒状的电阻丝和滑动片(电刷)组成。滑动片沿电阻体移动时,它的直线位移或转角位移会引起电阻的变化,从而在输出端获得与位移量成一定关系的电压或电流变化。电位器可分为接触式和非接触式两种,前者分为导电塑料式、线绕式,后者有磁阻式、光标式等。

导电塑料式电位器将碳黑粉末和热硬化树脂涂抹在塑料表面,并和接线端子制成一体,滑动部分通过特殊的加工手段做得特别光滑,因此几乎没有磨损,寿命很长。通过降低碳黑颗粒的大小,可以达到很高的分辨率。

磁阻式电位器的工作原理是在元件电流的垂直方向上施加外磁场时,元件在电流方向上的阻值将发生变化。它的优点是寿命长,分辨率高,转矩小,响应快。缺点是电阻温度系数较大,输出电压的温度漂移也会比较大。

2) 旋转变压器(resolver/transformer)

旋转变压器(如图 6-18 所示)又称同步分解器,是一种用来测量旋转物体的转轴角位移和角速度的电磁传感器。一般

图 6-18　旋转变压器

由互相垂直的两相绕组、定子和转子两部分组成。定子绕组作为变压器的原边接受励磁电压。转子绕组作为变压器的副边通过电磁耦合得到感应电压。感应电压和励磁电压之间相关联的耦合系数随转子转角的变化而改变,因此根据测得的输出电压可知道转角的大小。

3) 编码器(encoder)

编码器是将信号或数据进行编制、转换以将其用于通信、存储和传输的信号形式的设备。根据刻度的形状,编码器可分为测量直线位移的直线编码器(linear encoder)和测量旋转位移的旋转编码器(rotar yencoder)。根据信号的输出形式,又可分为增量式(incremental)和绝对式(absolute)编码器。增量式编码器对应每个单位直线位移或单位角度位移输出一个脉冲,绝对式编码器则是从码盘上读出编码,检测绝对位置。

6.5.2　速度和角速度的测量

速度和角速度的测量是在驱动器速度反馈控制中必不可少的环节,有时,也可利用上一节中所介绍的传感器来测量单位时间内的位移量,然后用 F/V 转换成速度的模拟电压。下面介绍的是与位移传感器不同的速度、角速度传感器。

测速发电动机,也可称为速度传感器,它是一种输出电动势与转速成比例的电动机。测速发电动机的绕组和磁路经过精确射击,其输出电动势 E 和转速 n 成线性关系,$E=Kn$。其中,K 是常数。当被测机构与测速发电动机同轴连接时,只要检测输出电动势,就能获得被测机构的转速。一般分为直流测速发电动机和交流测速发电动机。

6.5.3　加速度和角加速度的测量

加速度传感器是一种能够测量加速度的传感器。通常由质量块、阻尼器、弹性元件、敏感元件和适调电路等部分组成。传感器在加速过程中,通过对质量块所受惯性力的测量,利用牛顿第二定律获得加速度值。根据传感器敏感元件的不同,常见的加速度传感器包括电容式、电感式、应变式、压阻式、压电式等。角加速度描述刚体角速度的大小和方向对时间变化率的物理量。在国际单位制中,角加速度的单位是弧度每秒平方。

6.5.4　姿态检测

姿态传感器(posture sensor)是能够检测重力方向或姿态角变化的传感器,它常用于移动机器人的姿态控制方面,如图 6-19 所示。根据检测原理可分为陀螺式和垂直振子式等。

对于三维空间里的一个参考系,任何坐标系的取向,都可以用三个欧拉角来表现。参考系又称为实验室参考系,是静止不动的,而坐标系则固定于刚体随着刚体的旋转而旋转。

姿态传感器是基于 MEMS 技术的高性能三维运动姿态测量系统。它包含三轴陀螺仪、三轴加速度计(即 IMU)、三轴电子罗盘等辅助运动传感器。通过内嵌的低功耗 ARM 处理器输出校准过的角速度、加速度、磁数据等,再通过基于四元数的传感器数据算法进行运动姿态测量,实时输出以四元数、欧拉角等表示的零漂移三维姿态数据。姿态传感器可广泛嵌入到航模无人

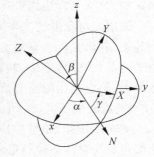

图 6-19　姿态传感器

机、机器人、机械云台、车辆船舶、地面及水下设备、虚拟现实、人体运动分析等需要自主测量三维姿态与方位的产品设备中。

6.6　驱动器

驱动器(driver)从广义上指的是驱动某类设备的驱动硬件。使用传感器获取信号必然涉及设备通信的问题,简单一些的传感器只配备了一个或几个输入/输出通道。驱动器在整个控制环节中处于主控制器、电动机的中间环节,其主要功能是接收主控制器的信号,再将信号进行处理转移至电动机以及和电动机有关的感应器。驱动器的工作模式有如下几种:

(1) 开环模式。输入命令电压控制驱动器的输出负载率。此模式用于无刷电动机驱动器和有刷电动机驱动器的电压模式相同。

(2) 电压模式。输入命令电压控制驱动器的输出电压。此模式用于有刷电动机驱动器和无刷电动机驱动器的开环模式相同。

(3) 电流模式(转矩模式)。输入命令电压控制驱动器的输出电流(转矩)。驱动器调整负载率以保持命令电流值。如果驱动器以速度或位置环工作,一般都含有此模式。

(4) 补偿模式。输入命令控制电动机速度。补偿模式可用于控制无速度反馈装置电动机的速度。驱动器会调整负载率来补偿输出电流的变动。当命令响应为线性时,在转矩扰动情况下,此模式的精度就比不上闭环速度模式。

(5) 速度模式。输入命令电压控制电动机速度。此模式利用电动机上传感器的频率来形成速度闭环。由于 HALL 传感器的低分辨率,此模式一般不用于低速运动。

(6) 编码器速度模式。输入命令电压控制电动机速度。此模式利用电动机上编码器脉冲的频率来形成速度闭环。由于编码器的高分辨率,此模式可用于各种速度的平滑运动控制。

(7) 测速机模式。输入命令电压控制电动机速度。此模式利用电动机上模拟测速机来形成速度闭环。由于直流测速机的电压为模拟连续性,此模式适合很高精度的速度控制。当然,在低速情况下,它容易受到干扰。

(8) 模拟位置环模式(ANP 模式)。输入命令电压控制电动机的转动位置。其实这是一种在模拟装置中提供位置反馈变化的速度模式(如可调电位器、变压器等)。在此模式下,电动机速度正比于位置误差,且具有更快速的响应和更小的稳态误差。

6.7　传感器编程应用案例

基于传感器的自主避障程序设计及实现,红外传感器自主避障程序的工作过程为红外传感器的信息被检测到后,需要传送给计算机进行计算处理,智能车处理红外信息的编程实例如下:

```
intjuli(intx)
{
inti,j;
```

```
intd_temp;
intd_sum = 0;
floataverage;
floatvariance = 0;
intd[10];
for(i = 0;i < 10;i++){
d[i] = analogRead(x);
delay(5);
}
//采样值从小到大排列(冒泡法)
for(j = 0;j < 9;j++){
for(i = 0;i < 9 - j;i++){
if(d[i] > d[i + 1]){
d_temp = d[i];
d[i] = d[i + 1];
d[i + 1] = d_temp;
}
}
}
//去除最大最小极值后求平均
for(i = 0;i < 10;i++)d_sum += d[i];
average = d_sum/10;
for(i = 0;i < 10;i++)
{
variance = variance + (d[i] - average) * (d[i] - average);
}
//求该组数据的方差
variance/ = 10;
//Serial.println(variance);
if(variance < 60)
//要求方差小于60,否则返回0
return(average);
else
return(0);
}
```

6.8　小结

机器人的"感官系统"传感器用于感知复杂环境信息的变化,把要求测量的非电量转换为能够被测量的电信号,实现对自身运动的开环或闭环控制以及避障功能。如避障传感器,在车身模块四周安装 HC-SR04 超声波传感器、GP2D12 夏普红外测距传感器进行障碍物远近的检测;火焰传感器用来感受灯光位置。传感器的存在和发展让机器人有了嗅觉、触觉和味觉等"人的感觉",让智能机器人慢慢变得具有生命力特征。

第 7 章

机器人系统仿真

机器人仿真技术是利用计算机可视化和面向对象的手段,构建机器人环境的物理模型、可视模型以及相应的控制逻辑模型,在一段时间内对机器人进行操作和测试,分析机器人的行为和动态特性,从而获取机器人合理的结构布局、运动方案和控制算法。本章会介绍一些基础的机器人仿真原理,以及如何使用 LabVIEW 进行机器人模块搭建、机器人仿真模型制作、创建机器人仿真环境并进行机器人仿真控制。

7.1 基于 SolidWorks 的智能车建模

确定智能车的主要部件尺寸后用 SolidWorks 三维软件进行智能车的三维建模。智能车由多个零件组成,首先要建立各个零件的三维模型,然后再将零件进行整体装配,完成整个智能车的三维模型,最后进行动画模拟仿真,以检查分析小车实体制作的可行性。

7.1.1 零部件的绘制方法

SolidWorks 是一个尺寸驱动式的绘图软件,因此它的绘图方式和以前传统的绘图方式有很大不同。在绘制草图的过程中应注意以下几个原则:根据建立特征的不同以及特征间的相互关系,确定草图的绘图平面和基本形状;零件的第一幅草图应以原点定位,从而确定特征在空间的位置;每幅草图应尽量简单,不要包含复杂的嵌套,这有利于草图的管理和特征的修改。

1. 自定义坐标系

除了系统默认的坐标系外,SolidWorks 2010 还允许用户自定义坐标系。此坐标系将同测量、质量特性等工具一起使用。建立自定义的坐标系可以采用下面的操作步骤:

(1) 单击"参考几何体"工具栏上的 按钮,或选择菜单栏中的"插入"→"参考几何体"→"坐标系"命令,会出现图 7-1 所示的"坐标系"设计树。

(2) 在"坐标系"设计树中,单击图标右侧的"原点"显示框,然后在零件或装配体中选择一个点或系统默认的原点,实体的

图 7-1 "坐标系"设计树

名称便会显示在"原点"显示框中。

（3）在 X、Y、Z 轴的显示框中单击 🔖 按钮,然后选定实体作为所选轴的方向,此时所选的项目将显示在对应的方框中。在实际操作过程中,可使用下面实体中的特征作为临时轴:

- "顶点",临时轴与所选的点对齐;
- "直边线或草图直线",临时轴与所选的边线或直线平行;
- "曲线边线或草图实体",临时轴与选择的实体所选位置对齐。

（4）如果要反转轴的方向,单击反向按钮即可。

（5）如果在步骤（3）中没有选择轴的方向,则系统会使用默认的方向作为坐标轴的方向。

（6）定义好坐标系后,单击确定按钮关闭"坐标系"设计树,此时新定义的坐标系将显示在模型上。

2. 草图绘制过程

绘制草图的过程可概括为:进入绘图平面,进入草图绘制,绘制草图,尺寸标注,添加几何关系,结束草图绘制,选用特征,添加零件属性。

首先是金属板 1 的绘制,如图 7-2 所示。单击"新建"按钮新建一个零件文件,并选择前视基准面作为草图绘制平面。单击草图绘制工具栏上的草图绘制工具或者单击菜单栏中的"插入",然后选择草图绘制。这里选择矩形命令。将文件保存至特定的文件夹,完成零件的绘制。

提示:在绘制草图时,中心线非常重要,尤其对于形状对称的图形,利用中心线和镜像命令,能提高作图效率和准确性。中心线还可用来给图元(即图形元素)定位和标注尺寸,但不影响零件特征的创建。

金属板 2 的绘制如图 7-3 所示。金属板 2 也是矩形的绘制,不过这里会用到镜像的命令,镜像实体绘图工具可以方便地绘制对称的图形。当生成镜像实体时,SolidWorks 软件会在每一对相应的草图点(镜像直线的端点、圆弧的圆心等)之间应用一一对称关系。如果更改被镜像的实体,则其镜像图像也会随之更改。

图 7-2　金属板 1 的绘制

图 7-3　金属板 2 的绘制

电动机座的绘制如图 7-4 所示。直线相对于所选基准面与 YZ 基准面平行,直线相对于所选基准面与 ZX 基准面平行,直线与所选基准面的面正交,两个项目保持相切,圆弧共用同一圆心。点保持位于线段的中点,点位于直线、圆弧或椭圆上,直线长度或圆弧半径保持相等,项目保持与中心线相等距离,并位于一条与中心线垂直的直线上,草图曲线的大小和位置被固定。然后,固定直线的端点可自由地沿其下无限长的直线移动。

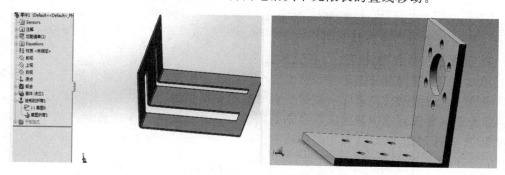

图 7-4　电动机座的绘制

卡扣的绘制如图 7-5 所示。单击视图布局工具栏辅助视图,选择视图中与辅助视图方向垂直的边线或者中线等,绘制辅助视图,如果需要可进行裁剪。

折弯件的绘制如图 7-6 所示。首先单击折叠(钣金工具栏)。然后在 Property Manager 中,选择如图 7-6 所示的面为固定面,选择如图 7-6 所示的弯为要折弯的弯。选择“折弯”命令后会弹出一个窗口,单击想操作的钣金面绘制草图。草图一般就是在想要画折弯的地方画一条直线,再打开折弯的命令,设置需要的参数即可,然后单击“确定”按钮,就可以得到最终的折弯件的效果图。

图 7-5　卡扣的绘制

图 7-6　折弯件的绘制

7.1.2　底盘模块的三维建模

SolidWorks 2010 有着强大的标准件设计库,在齿轮、轴承、螺钉、垫圈、钉销等标准件尺寸参数确定的情况下,利用 SolidWorks 2010 的标准件设计库可以很快地完成标准零件的建模。只须在相应的标准件之间输入尺寸参数,SolidWorks 2010 就会生成相应的标准零件。

首先进入 SolidWorks 2010 开始界面,如图 7-7 所示,单击菜单选项“新建”,打开新建对话框,选择“单一设计零部件的 3D 展现”这一选项,开始进入绘图的过程。

底盘金属板的模型如图 7-8 所示。草图的建立需要基准面,且在不同的基准面上都可以建立草图。单击草图可看到绘制草图的各种工具,还可以调出自己需要用到的工具栏。默认情况下,新的草图在前视基准面上打开。可通过选择草图实体工具(直线、圆等)、草图绘制工具、基准面、特征工具栏上的拉伸凸台/基体或旋转凸台/基体来开始草图。

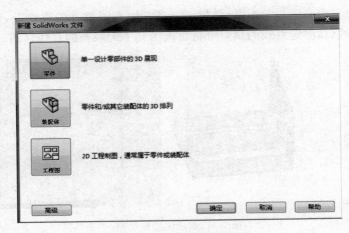

图 7-7　新建 3D 展现

为了让齿轮与轴能很好地固定连接,采用固定套作为连接件,齿轮、绳索轮、凹槽轮的固定套具有一样的尺寸,并按照这些尺寸进行建模。后车轮的固定套起到固定车轮与轴,防止车轮偏移的作用。

圆是草图实体绘制中经常使用的图形实体。绘制圆的默认方式是指定圆心和半径,可使用圆工具绘制一基于中心的圆,或使用周边圆工具绘制一基于周边的圆(多用于和其他图形相切的情况下)。

绘制基于中心圆的操作步骤如下:单击 CommandManager 中草图,从弹出工具中选取圆工具,单击"草图"工具栏上的圆,或选择"工具"→"草图绘制实体"→"圆"命令。单击图形区域以放置圆心,之后移动指针并单击以设定半径。

圆弧是圆的一部分,提供了圆心/起/终点画弧、切线弧和三点圆弧三种绘制圆弧方法。

通过圆心/起/终点画弧的操作步骤是单击 CommandManager 中草图,从圆弧弹出工具中选择圆心/起/终点画弧工具,或在"草图"工具栏上的弹出工具中选择圆心/起/终点画弧工具,或选择"工具"→"草图绘制实体"→"圆心/起/终点画弧",如图 7-8 所示。

绘制等距实体在建模过程中经常采用,可以使绘图效率明显得到提高。在 SolidWorks 中提供了按特定的距离等距一个或多个草图实体、所选模型边线或模型面。

图 7-8　车轮实体图

生成草图等距的操作步骤是在打开的草图中,选择一个或多个草图实体、一个模型面或一条模型边线。单击 CommandManager 草图上的等距实体工具,或单击"草图"工具栏上的等距实体工具,或选择"工具"→"草图工具"→"等距实体"命令。

分割实体绘制工具可以通过添加一个分割点而将草图实体分割为两个实体,也可以使用两个分割点来分割一个圆、完整椭圆或闭合样条曲线。

分割草图实体的操作步骤如下:在打开的草图中,单击 CommandManager 草图上的分割实体工具,或单击"草图"工具栏上的分割实体工具,或选择"工具"→"草图工具"→"分割实体",如图 7-9 所示。

图 7-9　实体图

7.1.3　机械臂的建模

SolidWorks 零部件的建模过程为：首先选取合适的基准面，建立各零部件的平面草图；其次利用拉伸、特征扫描、旋转、切除、放样等命令完成零件的基本特征造型，然后利用倒角、圆角等命令完成局部的造型；最后完成整个零件的建模。

建立该机械手模型的过程中遇到了不少困难。结合实际，著者提出几点三维建模的技巧和应该注意的问题仅供参考。有些零部件特征相当复杂，如铲臂爪臂的建模。它的主体特征是一个比较复杂的曲面，所以需要人们熟悉曲面建模的命令。曲面建模通过带控制线的扫描曲面、放样曲面、边界曲面以及拖动可控制的相关操作可产生非常复杂的曲面，并可以直观地对已存在的曲面进行修剪、延伸、缝合和圆角等操作。其次在建立上承梁、下承梁、背杆等零件时基本运用拉伸/切除等命令。再次画截面草图时，一些已生成的特征可以通过实体转换命令获得需要利用的图线，草图的建立也可以快速准确形成。

当草图中含有较多的对称特征时，先绘制一个特征，并通过镜像工具、阵列命令生成对称的特征，从而达到高效绘制草图的效果。选择合适的特征生成方法也相当重要。一般情况下，相对拉伸，旋转和扫描更能高效生成模型；排列、镜像比逐个生成更快捷，选择合理的特征方法对于复杂零件就显得尤为重要；最后，应该注意零件的保存，把建好的零件保存在一个文件夹，便于快速查找修改。熟练地掌握建模的技巧，对于模型的精确、高效建立，整个虚拟样机的装配，及运动学分析具有重要意义。最终建立的各零部件如图 7-10 所示。

图 7-10　基于 SolidWorks 机械臂模型

7.1.4　智能车的虚拟装配

在 SolidWorks 界面下，装配体有良好的操作性，并具有操作简单、易学、易用、方便灵活的特点。在完成约束下，构件能按照用户的要求模拟运动，在装配过程中防止配合过度、配合不到位等，避免在动画模拟时不能模拟出智能车的运动。

在建立了智能车的主要零部件模型后进入装配环节。打开 SolidWorks 界面,单击新建"装配体",首先打开车架零件,按照由下到上、先左后右的原则进行零件的逐个装配。然后在特征栏下单击"插入"零件,依次添加 6 个轴承基台,调节基台的放置位置,以便能很好地操作基台与车架的配合。接着单击基台定位孔的边缘线,再单击车架上基台定位孔的圆周边缘线,按住鼠标右键弹出"配合"菜单,选择"轴心配合"命令,此时基台自动与车架上的孔对齐。按照同样的方法让 6 个轴承基台与车架上的基台定位孔完全定位。

单击"插入"零件,依次打开 6 个轴承 C6201。轴承放置好后,单击一个轴承的圆周面,按住 Ctrl 键不放,再单击轴承基台上的轴承放置面,按鼠标右键弹出"配合"菜单,选择"同轴配合"命令,然后按住轴承一个面让它与基台的一个面进行面与面重合配合。通过这两个约束配合,轴承与基台能完好地配合。依次用同样方法,配合好其他 5 个轴承。把轴承、基台配合好后,先从后轮依次装配。插入后车轮轴承零件,通过同轴心与基台轴承配合好。然后再用插入齿轮、齿轮固定套零件,选用合理的配合,让齿轮、齿轮固定套与后车轴配合好。再插入后车轮、车轮固定套轴承定位好车轮的位置。

在主要零部件配合好后,就需要把辅助定位的其他小零件装配好。在各个轴承上、基台上装配端盖、螺钉,在齿轮与固定套件上装配螺钉、螺帽、重锤架。完成各种零件的装配后得到了智能车的完整装配图,如图 7-11 所示。

图 7-11　智能车装配图

7.2　机器人仿真系统

国外很早便认识到机器人仿真在机器人研究和应用方面的重要作用,并从 20 世纪 70 年代开始进行这方面的研究工作。在许多从事机器人研究的部门都装备有功能较强的机器人仿真软件系统,它们为机器人的研究提供了灵活和方便的工具。例如,美国 Cornell 大学开发了一个通用的交互式机器人图形仿真系统 Ineffabelle,它不针对某个具体机器人,而是利用其容易建立所需要的机器人及环境的模型,并且具有图形显示和运动的功能。西德 Saarlandes 大学开发了一个机器人仿真系统 Robsim,它能进行机器人系统的分析、综合及离线编程。美国 Maryland 大学开发了一个机械手设计和分析的工具 Dynaman,它能产生机械手的动力学模型,根据需要可以自动产生 FORTRAN 的仿真程序,同时也可产生符号表示的雅可比矩阵。MIT 开发了一个机器人 CAD 软件包 OPTARM Ⅱ,它可用于时间最优轨迹规划的研究。Michigan 大学开发了一个机器人图形编程系统——PROGRESS,其特点是菜单驱动和光标控制,并能由 2D 图形符号来仿真外界的传感器和执行部件,以使用户获得更加接近真实的编程环境。

自 20 世纪 80 年代以来,国外已建成了许多用于机器人工作站设计和离线编程的仿真系统。例如,美国 McAuto 公司开发了机器人仿真系统 PLACE,它主要用于机器人工作站的设计。PIRensselaer Polytechnic Institute 研制了 GRASP,Calma 公司在 GRASP 的基础上开发了 Robot-SIM 软件,它主要用于工作站设计和机器人选型。通用电气公司的研究开发部对 Robot-SIM 进行了改进工作。Intergraph 公司也研制了一个机器人仿真系统,它强调机器人的动力学特性和控制系统对精度及整个性能的影响。Computervision 公司开发了软件包 obographix,它具有产生机器人工作路径、仿真机器人运动及碰撞检测等多种功能,目前它能对 8 种常用的机器人进行仿真。Autosimulations 公司研制了两个机器人仿真软件包 AutoGram 和 AutoMod。AutoGram 是利用 GPSS 仿真语言的建模软件,AutoMod 是图形显示软件。Deneb 公司开发的 IGRIP 软件主要用于工作站设计和离线编程。SRI 国际部研制了仿真软件包 RCODE,它具有几乎实时的碰撞检测功能。西德 Kadsruke 大学建立了机器人仿真系统 ROS1 和 ROS2。法国 LAMM 开发的 CARO 系统主要强调三维数据库设计技术及快速性。能在机器上运行是 CARO 追求的目标。以色列 OSHAP 公司推出了 ROBCAD,它主要用于工作站设计和离线编程,并能将程序下载到系统内。以上介绍的软件,大部分已经商品化,并在很多生产和研究中获得了广泛应用。

我国从 20 世纪 80 年代后期起,许多单位也开始从事机器人仿真技术的研究工作。在国家高技术计划自动化领域智能机器项目中,清华大学、浙江大学、沈阳自动化所及上海交通大学等单位承担了机器人系统仿真的研制任务,取得了多项研究成果。哈尔滨工业大学、北京航空航天大学、国防科技大学等单位承担了机器人机构仿真的任务,也研制成功了一个大型的机器人仿真软件。还有不少单位针对某一具体方面进行了广泛深入的机器人仿真技术研究。

7.2.1　机器人仿真应用

机器人仿真主要应用在两个方面,一是机器人本身的设计和研究,机器人本身包括机器人的机械结构及机器人的控制系统。它们主要包括机器人的运动学和动力学分析、各种规划和控制方法的研究等。机器人仿真系统可为这些研究提供灵活和方便的研究工具,它的用户主要是从事机器人设计和研究部门及高等学校。机器人仿真的第二个方面主要应用在那些以机器人为主体的自动化生产线,它包括机器人工作站的设计、机器人的选型、离线编程和碰撞检测等。机器人仿真可为此提供既经济又安全的设计和试验的手段,其用户主要是那些使用机器人的产业部门。目前,用于这方面的机器人仿真系统最常见的是 ROBCAD 和 IGRIP。下面以机器人离线编程为例来说明机器人仿真系统的应用。

机器人是一种通用机械,通过重新编程可以完成不同的工作任务。当机器人改变工作任务时,通常需中断机器人的当前工作,先对机器人进行示教编程,然后机器人按照新的程序执行新的工作。若借助于机器人仿真系统就可首先在仿真系统上进行离线编程,然后将编好的程序下载到机器人中,机器人便可按照新的程序执行新的工作。因此,机器人可不必中断当前的工作,提高生产效率,这种方法既经济又安全。利用机器人仿真系统进行离线编程在国外已十分普遍,它是机器人仿真系统应用最普遍和最典型的例子。

7.2.2　机器人仿真概念

机器人系统仿真是指通过计算机对实际的机器人系统进行模拟的技术。仿真可以通过交互式计算机图形技术和机器人学理论等,在计算机中生成机器人的几何图形,并对其进行三维显示用来确定机器人的本体及工作环境的动态变化过程。通过系统仿真可以在制造单机与生产线之前模拟出实物,缩短生产工期,还可以避免不必要的返工。在使用的软件中,工作站级的仿真软件功能较全,实时性高且真实性强,可以产生近似真实的仿真画面。而微机级仿真软件虽然实时性和真实性不高,但具有通用性强、使用方便等优点。目前机器人系统仿真所存在的主要问题是仿真造型与实际产品之间存在误差,需要进一步研究解决。

7.3 搭建机器人仿真模型

机器人仿真的第一步是搭建机器人仿真模型。机器人仿真模型是指把机器人的结构分解为一系列基本组成部分,并按照活动的逻辑关系将它们组合在一起。机器人仿真模型是真实机器人的相似物或其结构形式。它可以是物理模型也可以是数学模型。通过搭建机器人仿真模型可模拟出真实机器人的形态与结构。

Model Builder 可用于设计并搭建机器人仿真模型,其中提供了许多预定义的模板,也可以通过 CAD Model Importer 导入计算机辅助设计(CAD)模型。搭建好的机器人仿真模型可以放在仿真环境中用来模拟真实机器人的运动。

7.3.1 Model Builder 简介

图 7-12 所示为 Model Builder 的用户界面。

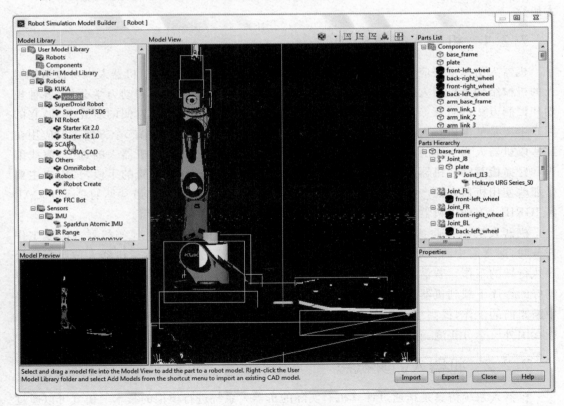

图 7-12　Model Builder 的用户界面

1) 模型库

在 Model Builder 界面的左侧是一个模型库,其中包含了各种可以用来搭建仿真机器人的模型和零件。

　　Model Builder 为用户提供了多种预定义的仿真模型，包括传感器、履带、轮子、机械臂等。可以在预置模型库（Built-in Model Library）中选择需要的仿真模型，通过右键菜单中的"添加"命令将该模型添加到仿真机器人上。之后机器人仿真模型可以在 Model View 窗口中预览或者编辑。

　　除了可使用预置的仿真模型，用户还可导入自定义的机器人仿真模型。用户模型库（User Model Library）下会列出所有用户自定义导入的机器人仿真模型，可右击用户模型库并在快捷菜单中选择"添加模型"命令，通过 CAD Model Importer 添加一个自定义的机器人仿真模型。预置的仿真模型通常包括以下几种类型：

　　（1）履带模型。履带模型由履带齿片、牵引装置和轮子组成，如图 7-13 所示。可以将轮子模型添加到履带中。

　　（2）轮子模型。在 Model Builder 里，默认支持以下三种轮子类型。

　　① 简单轮（simple wheel，如图 7-14 所示）：简单轮仅可向前或向后运动，却不能改变角度。Starter Kit 2.0 用的就是简单轮作为前轮。

图 7-13　履带模型

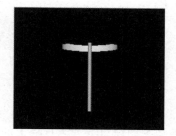

图 7-14　简单轮

　　② 全向轮（omni wheel，如图 7-15 所示）：全向轮能够朝各个不同的方向移动，左右车轮的小滑轮将全力推动，也将极大地方便横向滑动。全向轮的优势在于，它的移动和旋转很容易控制方向以及跟踪，并尽可能快地转动。

　　③ 麦克纳姆轮（mecanum wheel，如图 7-16 所示）：麦克纳姆轮是一个滚轮，可以像传统的车轮向前或向后移动，还允许横盘走势，前轴和后轴在相反的方向上。车轮的中心装滚子轴和轮毂，支持 $45°$ 的旋转。

图 7-15　全向轮

图 7-16　麦克纳姆轮

　　（3）机械臂模型。可以使用 DH 机械臂模型（如图 7-17 所示）来模拟一个机器人的机械臂。DH 机械臂模型是依据 DH 原理生成的一种串行手臂。

（4）传送带模型。传送带模型（如图 7-18 所示为传送带预览模型）包括牵引件、承载构件、驱动装置、改向装置和支撑件等。

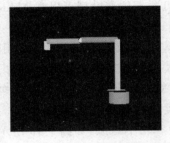

图 7-17　DH 机械臂模型

图 7-18　传送带预览模型

当选择模型库中的某一模型时可在模型预览窗口中预览（如图 7-19 所示）。当仿真模型被添加到仿真机器人上时，该模型会出现在 Model Builder 中央的模型视图（Model View）窗口中。

图 7-19　模型视图窗口

通过模型视图窗口上方工具栏上的按钮，用户可选择在模型视图窗口中显示仿真机器人的可视模型或者物理模型，如图 7-20 所示。

2）部件列表及层级关系

部件列表（Parts List）窗口中列出了当前模型包含的所有部件，如图 7-21 所示。而部件层级窗口（Parts Hierarchy）中显示了各个部件之间的层级和逻辑关系。当选中任意部件，该部件在模型视图窗口中则被加亮显示。

图 7-20　可视模型

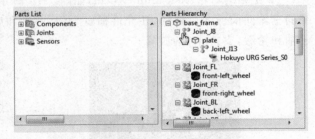

图 7-21　部件列表窗口

在这两个窗口中，可以随意调整部件之间的顺序和关系。当将一个部件拖曳到另外一个部件上时，这两个部件之间就会产生一个关节（joint）。该关节用来连接两个物体，它描述了物体之间的约束关系，这种关系使得物体之间保持特定的相对位置和朝向。可以通过设置关节类型来控制机器人模型的活动方式。选择一个关节，右击并在出现的快捷菜单中选择关节类型。可以在以下几种类型的关节中进行选择：

（1）不动关节——不动关节是固定的，表示两个部件之间保持着固定的相对位置和方向。

（2）铰链关节——此类关节允许部件以指定关节为轴进行旋转。

（3）滑块关节——此类关节允许两个部件沿着一条轴移动，但此类关节将部件的活动限制在一条直线上。

（4）球形关节——此类关节允许两个部件之间互相旋转。

（5）活塞关节——活塞关节与滑块关节相似，可使用活塞关节中的弹簧关节来连接两个物体。弹簧关节允许一个刚体物件被拖向一个指定的目标点。当物体远离目标点时，弹簧关节对其施加力使其被拉回初始目标点，类似橡皮筋与弹弓的效果。图 7-22 所示为常见的几种关节类型。

图 7-22　关节类型

如果想改变层级关系的视图，则可在部件列表窗口或者部件层级关系窗口中，选中一个部件，单击右键并在出现的快捷菜单中选择"设置根（SetRoot）"命令，则视图切换为以该部件为根目录的层级关系，所有与该部件相连的部件都按照逻辑关系被列在该部件下。而其他与该部件不相连的部件，则单独列出。

3）属性窗口

属性（Properties）窗口（如图 7-23 所示）显示当前机器人模型或部件的所有属性。当选中一个机器人模型时，该窗口显示当前机器人模型的属性。当选中一个模型部件时，该窗口显示当前部件的属性。

对于属性窗口中具体的属性值，表 7-1 做了详细的解释说明，这些属性都可以应用于主要的机器人模型属性中去。

图 7-23　属性（Properties）窗口

表 7-1　机器人模型属性

属　　　性	描　　　述
移动性（Movable）	当值为真时，机器人模型的部件为一个静止的物体，它有无限大的质量
质量（Mass）	指机器人模型部件的质量
质量中心（MassCenter）	指质量或者重力的中心。部件的质量中心是指等价于所有的质量聚集所在的那一个点
惯性矩阵（InertiaMatrix）	惯性矩阵是一个 3×3 的矩阵，它描述了物体的质量是如何被分布在质量中心的周围
材料类型（MaterialType）	决定部件的摩擦系数
子空间名（SubspaceName）	子空间代表了一组互相临近的机器人模型部件以及关节，该属性定义了子空间的名字，同一个子空间内的机器人模型部件不可以互相碰撞
颜色（Color）	指定机器人模型部件的颜色

续表

属　性	描　述
分辨率（Resolution）	指传感器可感受到的被测量的最小变化的能力
抽样率（SampleRate）	指在单位时间内的信号样值数目
反馈（Feedback）	该属性仅当在部件层级关系窗口中选中一个关节时出现。反馈是指关节直接作用到其连接的部件上的力。若反馈属性的值为真，便可以读到关节上的力和转矩的反馈
地面标高（GroundLevel）	定义沿着 Z 轴方向的地平面位置
滚珠数目（RollerNumber）	母轮上滚珠的数量
半径偏置（RadiusOffset）	指滚珠的位置与母轮的半径之间的偏置
行数（RowNumber）	指万向轮上面滚珠的行数
高度偏移（HeightOffset）	指滚珠在万向轮的轴高上的位置
滚珠方向（RollerOrientation）	指麦克纳姆轮上滚珠的方向
长度（Length）	指关节间的距离
旋转角度（RotationAngle）	旋转角度是旋转中心两边的线段之间的夹角的度数
偏移距离（OffsetDistance）	指垂直偏移距
节点位移（JointDisplacement）	指两节点的位移值

4）底部按钮

Model Builder 底部有以下按钮（如图 7-24 所示），通过这些按钮可完成机器人模型的导入/导出，以及获取帮助文档。

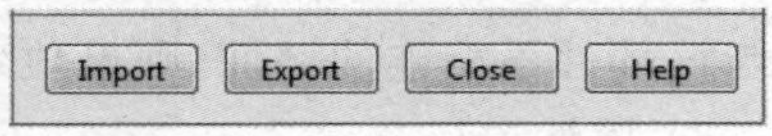

（1）导入（Import）——导入机器人模型、传感器模型或者构建模型到 Model Builder。

图 7-24　Model Builder 底部按钮

（2）导出（Export）——从 Model Builder 中导出搭建或者修改过的机器人模型。

（3）关闭（Close）——退出 Model Builder 并且关闭窗口。

（4）帮助（Help）——获取帮助文档。

7.3.2　导入机器人仿真模型

在 Model Builder 中，可以导入一个机器人仿真模型，然后调整、设计、重设它。单击 Model Builder 底部的导入按钮，可浏览并打开已有的或者已设计好的机器人仿真模型。

本节主要介绍如何使用 CAD Model Importer（如图 7-25 所示）来导入机器人仿真模型。CAD（computer-aided design，计算机辅助设计）模型是用来描述机器人视觉形象的一个 3D 描述文件。通常情况下，该文件中包含了重力以及其他与机器人物理相关的信息。与典型的 CAD 模型相比，LabVIEW 中开发的机器人模型应该既包含视觉模型，又包含物理模型。视觉模型是用来描述仿真机器人的视觉外观，它对于机器人在仿真环境中的行为没有影响。物理模型包含了实际机器人的运动学与动力学信息，这些信息都决定了机器人在仿真环境中的行为。

从 Model Builder 的用户模型库中导入 CAD 模型，具体的操作步骤如下：

（1）选择用户模型库，右击并在出现的快捷菜单中选择"添加模型（Add Model）"命令。

（2）从"浏览"中选择保存的 CAD 模型文件。CAD 模型文件通常是扩展名为.ive、.dae

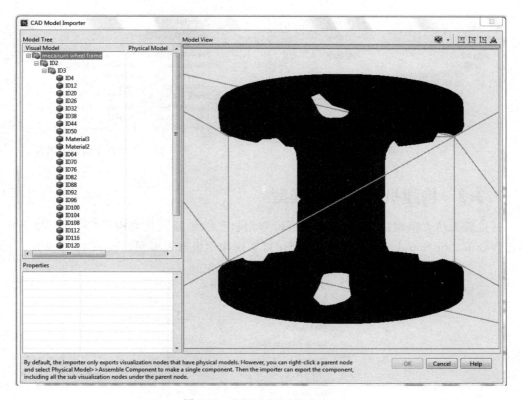

图 7-25　CAD Model Importer

以及.wrl 的文件。

（3）选中 CAD 模型文件，并单击 OK 按钮，将模型在 CAD Model Importer 中打开。

在 CAD Model Importer 中，既可为 CAD 模型添加物理模型，也可很方便地对添加的物理模型属性进行修改。下面对物理模型的添加与修改进行详述。

1. 添加物理模型

通过 CAD Model Importer 导入的机器人仿真模型只是视觉模型。若要在 Model Builder 中使用它们，则必须为导入的 CAD 模型手动添加物理模型。

在 CAD Model Importer 的模型树（Model Tree）下，列出了当前模型包含的所有视觉模型组件。选择一个视觉模型，右击并在快捷菜单中选择"物理模型（Physical Model）"命令。可以为仿真模型设置三种物理模型：长方体（Box）、球体（Sphere）、圆柱体（Cylinder），如图 7-26 所示。

2. 修改物理模型的属性

当为一个仿真模型添加了物理模型之后，选中该仿真模型，便可在如图 7-27 所示的属性窗口中设置其属性。

如果一个 CAD 模型包含多个节点，则可以给每个节点添加物理模型，并且修改每个节点的物理模型的属性。与为整个 CAD 模型仅设置一个物理模型相比较，这样的做法能使机器人仿真模型的物理模型最大程度上接近其视觉模型，当将仿真模型置入仿真环境中时，这样的仿真模型表现得更加灵敏。

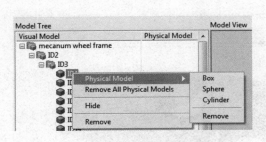

图 7-26 添加物理模型　　　　　图 7-27 修改物理模型的属性

7.3.3 构建机器人仿真模型

将机器人仿真模型拼装完成后，就可以导出自己的机器人仿真模型（如图 7-28 所示）。通过命令 Robot Simulation Model Builder 可实现构建机器人模型。

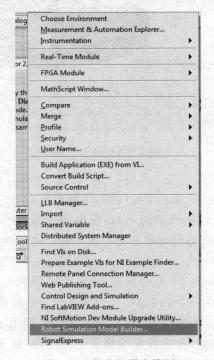

图 7-28 导出机器人模型

7.4 机器人仿真

7.4.1 Simulator Project 简介

通过 LabVIEW 编程可以进行机器人仿真。一般情况下，LabVIEW 机器人仿真的程序包含以下几个部分：

机器人仿真器（robot simulator）——仿真器读取并显示设计的仿真场景；随着仿真的

互动,计算仿真组件在现实中的物理属性;并且推动仿真的时间发展。可通过 VI 来启动仿真器。

仿真程序(simulation program)——可创建该程序来运转仿真器。仿真程序包含以下组件:

(1) 程序清单文件(manifest file)——当设计一个仿真环境及其组件时,可将它们的设置都保存在一个扩展名为.xml 的文件中,该文件就称为程序清单文件。机器人仿真器会读此文件来提取设置好的组件。

(2) 仿真场景(simulation scene)——每个程序清单文件可定义一个仿真场景、一组仿真组件以及它们的属性。可一次性从仿真器中提取一个仿真场景。仿真场景包含以下部分:

① 环境(environment)——每个仿真实例都必须有自己的环境,在环境中定义的平面以及附加在上面的特性。仿真环境也有自己的物理属性,如表面材料、重力等。

② 机器人(robots)——机器人包含仿真的传感器和执行器。因为传感器和执行器在仿真程序中并不同步,所以机器人包含的传感器和执行器有其不确定性。

③ 障碍物(obstacles)——仿真环境中可以放置障碍物来分隔环境。障碍物可以有与自己相关联的属性。

(3) VIs——可写 VI 来控制仿真器和仿真组件。VI 里用来控制仿真机器人的代码,和真实机器人上嵌入式应用包含的程序代码基本一样。

(4) ID 列表(ID list)——用机器人环境仿真向导创建一个仿真项目时,项目会自动在仿真目标下创建一个 ID 列表文件。ID 列表文件是一个扩展名为.txt 的文件,它包含了仿真机器人、机器人组件和环境中障碍物的 ID 名称。

(5) 显示窗口(display window)——当启动机器人仿真器,窗口中显示 3D 的仿真画面控制。

使用 LabVIEW 进行编程时发现在 LabVIEW 工程里可以很方便地组织、管理仿真程序,也可以将工程所需的文件进行分组,然后将它们部署到硬件上。下面举例说明如何用仿真向导创建一个工程,如图 7-29 所示。LabVIEW 工程包含以下项目:

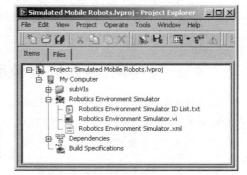

图 7-29　LabVIEW 工程

Robotics Environment Simulator——定义并控制在特定仿真环境下的组件。用机器人环境仿真向导(Robotics Environment Simulator Wizard)创建一个仿真场景时,LabVIEW 将该项加入到仿真工程中。可以右击该项目,在弹出的快捷菜单中选择属性命令,打开机器人环境仿真向导。在仿真向导中,可以修改当前仿真场景中的组件。

Robotics Environment Simulator ID List.txt——该文件包含仿真场景中所有部件的 ID 名称。

Robotics Environment Simulator.vi——该 VI 可以启动或者终止仿真器,提供仿真的用户交互界面,并且调用操控仿真组件的 LabVIEW 代码。

Robotics Environment Simulator. xml——仿真的程序清单文件,用以定义仿真场景中创建的所有组件。注意:不可直接修改程序清单文件来改变仿真场景,应该用机器人环境仿真向导或者离线设置(offline configuration)VI 来修改仿真场景。

subVIs——包含控制仿真场景所需的所有子 VI 以及其他文件。

Dependencies——包含该工程所需的设备驱动程序以及其他 VI。注意,不能直接将文件添加到该目录下。当在 LabVIEW 工程中添加、删除或保存任意项目时,Dependencies 自动更新。

Build Specifications——包含独立应用的组件配置。

在仿真工程的目录下,LabVIEW 创建一个资源文件夹(RSC)来储存仿真所需的资源文件。当重命名仿真目标后,程序清单文件和 ID 列表文件自动更新,以匹配仿真目标的名称。但是,需要手动更新资源文件夹。更新资源文件夹方法如下:

- 在工程浏览窗口中,选择仿真目标,右击并在弹出的快捷菜单中选择属性命令。
- 打开机器人环境仿真向导。
- 从向导中重新保存一次仿真器。LabVIEW 会在保存程序清单文件的同一目录下,创建一个新的资源文件夹。

下面是一些使用机器人仿真器时的建议:

- 一次仅运行一个仿真程序。如果在其他程序运行的同时启动另一个仿真器,则 LabVIEW 返回错误-310192。
- 如果使用单核 CPU 运行仿真时,遇到性能问题可尝试使用多核 CPU 来提升性能。
- 用步长来平衡仿真的性能与精确度。启动仿真器时,必须指定一个步长。步长通常是以毫秒(ms)为单位,它定义了每次仿真器更新物理属性在仿真环境中逝去的时间。步长越大,仿真结果的精确度越低,与真实世界的行为距离越大;步长越小,仿真的精确度越高,结果越接近真实世界的行为,但通常需要处理更多的资源。
- 在仿真中维持恒定的步长。

7.4.2　拼装机器人仿真模型

在 SolidWorks 中进行动力学或运动学仿真,需要安装 motion 插件,设置相关参数,可进行简单快速的运动学分析。将拼装机器人的 SolidWorks 模型导入 LabVIEW 中,使机器人的仿真分析用起来比较简单方便。

7.4.3　构建机器人模型

使用机器人手臂 VI(界面如图 7-30 所示)创建一个虚拟的机器人手臂并与其进行交互,可实现手臂上的动力学与运动学计算、对手臂进行仿真,并对机器人手臂进行原型开发。

使用传感器 VI(界面如图 7-31 所示)可以配置、控制并恢复机器人系统中常用仪器的数据,如串行设备和 USB 设备。浏览仪器 I/O 选板或使用 NI 仪器驱动程序搜索器,搜索并安装其他仪器驱动程序。

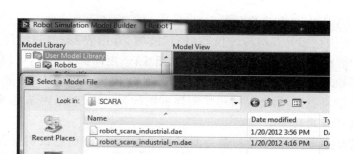

图 7-30　机器人手臂 VI 界面

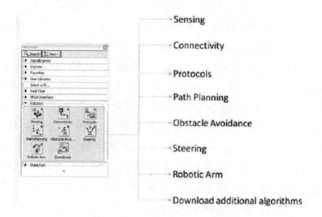

图 7-31　传感器 VI 界面

7.5　搭建机器人仿真环境

7.5.1　LabVIEW 简介

　　LabVIEW 是一种程序开发环境,由美国国家仪器(NI)公司研制开发,类似于 C 和 BASIC 开发环境。LabVIEW 与其他计算机语言的显著区别是:其他计算机语言都是采用基于文本的语言产生代码,而 LabVIEW 使用的是图形化编辑语言 G 编写程序,产生的程序是框图的形式。LabVIEW 软件是 NI 设计平台的核心,也是开发测量或控制系统的理想选择。LabVIEW 开发环境集成了工程师和科学家快速构建各种应用所需的所有工具,旨在帮助工程师和科学家解决问题、提高生产力和不断创新。

　　与 C 和 BASIC 一样,LabVIEW 也是通用的编程系统,有一个可完成任何编程任务的庞大函数库。LabVIEW 的函数库包括数据采集、GPIB、串口控制、数据分析、数据显示及数据存储等。LabVIEW 也有传统的程序调试工具,如设置断点、以动画方式显示数据及其子程序(子 VI)的结果、单步执行等,便于程序的调试。

　　传统文本编程语言根据语句和指令的先后顺序决定程序执行顺序,而 LabVIEW 则采用数据流编程方式,程序框图中节点之间的数据流向决定了 VI 及函数的执行顺序。VI 指虚拟仪器,是 LabVIEW 的程序模块。

LabVIEW 提供很多外观与传统仪器(如示波器、万用表)类似的控件用来方便地创建用户界面。用户界面在 LabVIEW 中被称为前面板,使用图标和连线,可以通过编程对前面板上的对象进行控制。这就是图形化源代码,又称 G 代码。LabVIEW 的图形化源代码在某种程度上类似于流程图,因此又被称作程序框图代码。LabVIEW 有很多优点,尤其是在某些特殊领域其特点尤其突出。

(1)测试测量:LabVIEW 最初是为测试测量而设计,因而测试测量是现在 LabVIEW 最广泛的应用领域。经过多年的发展,LabVIEW 在测试测量领域获得了广泛的承认。至今,大多数主流的测试仪器、数据采集设备都拥有专门的 LabVIEW 驱动程序。使用 LabVIEW 可以非常便捷地控制这些硬件设备。同时,用户也可以十分方便地找到各种适用于测试测量领域的 LabVIEW 工具包。这些工具包几乎覆盖了用户所需的所有功能,用户在这些工具包的基础上再开发程序就容易许多。有时甚至只需简单地调用几个工具包中的函数就可以组成一个完整的测试测量应用程序。

(2)控制:控制与测试是两个相关度非常高的领域,从测试领域起家的 LabVIEW 自然而然地首先拓展至控制领域。LabVIEW 拥有专门用于控制领域的模块——LabVIEWDSC。除此之外,工业控制领域常用的设备、数据线等通常也都带有相应的 LabVIEW 驱动程序。使用 LabVIEW 可以非常方便地编制各种控制程序。

(3)仿真:LabVIEW 包含了多种多样的数学运算函数,特别适合进行模拟、仿真、原型设计等工作。在设计机电设备之前,可以先在计算机上用 LabVIEW 搭建仿真原型,验证设计的合理性,找到潜在的问题。在高等教育领域,如果使用 LabVIEW 进行软件模拟就可以达到同样的效果,使学生不致失去实践的机会。

(4)儿童教育:由于图形外观漂亮且容易吸引儿童的注意力,同时它比文本更容易被儿童接受和理解,所以 LabVIEW 非常受少年儿童的欢迎。对于没有任何计算机知识的儿童而言,可以把 LabVIEW 理解成是一种特殊的"积木",即把不同的原件搭在一起,就可以实现自己所需的功能。著名的可编程玩具"乐高积木"使用的就是 LabVIEW 编程语言,儿童经过短暂的指导就可以利用乐高积木搭建各种车辆模型、机器人等,再使用 LabVIEW 编写控制其运动和行为的程序。除了应用于玩具,LabVIEW 还有专门用于中小学生教学使用的版本。

(5)快速开发:根据笔者参与的一些项目统计,完成一个功能类似的大型应用软件,熟练的 LabVIEW 程序员所需的开发时间,大概只是熟练的 C 程序员所需时间的 1/5 左右。所以,如果项目开发时间紧张,应该优先考虑使用 LabVIEW,以缩短开发时间。

(6)跨平台:如果同一个程序需要运行于多个硬件设备之上,也可以优先考虑使用 LabVIEW。LabVIEW 具有良好的平台一致性,它的代码不需任何修改就可以运行在常见的三大台式机操作系统——Windows、Mac OS 及 Linux 上。除此之外,LabVIEW 还支持各种实时操作系统和嵌入式设备,如常见的 PDA、FPGA 以及运行 VxWorks 和 PharLap 系统的 RT 设备。

7.5.2　创建仿真场景模型

LabVIEW 创建仿真场景界面如图 7-32 所示。

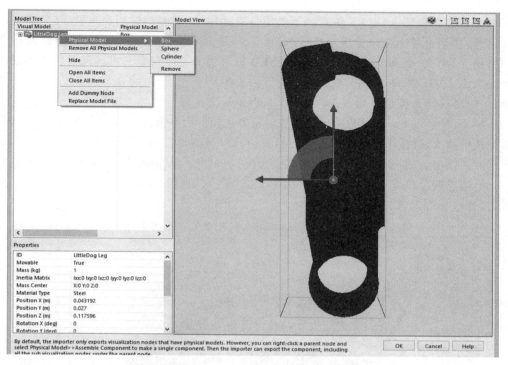

图 7-32 LabVIEW 创建仿真场景界面

在弹出的文件对话框中选择之前导出的 dae 文件,就把之前 SketchUp 创建的模型成功导入到 LabVIEW 中。不过导入的模型只具有外观价值,还不具备仿真价值。在真正进入仿真之前需要用一种几何模型近似逼近该模型组件,后续仿真时机器人模型与场景的所有碰撞检测、组件质量、惯量等特性都由这个近似几何模型来定义。如果只是想进行粗略仿真,那直接用单一的基本几何模型把导入的三维模型包络住即可;如果追求精细仿真,则可以使用多个几何单元精细逼近。具体选择何种仿真方式主要由用户自己决定,用户需要在计算复杂度及运算时间间做好平衡。当完成所有的设定以后,单击 OK 按钮即可完成该组件的导入。

7.5.3 创建仿真环境

从 LabVIEW 编程语言的第一个版本开始就一直通过连接仪器和设备,为工程师节省时间。现在的 LabVIEW 是使用仪器驱动程序来连接仪器的行业标准。LabVIEW 机器人模块利用这个优点,将整套机器人传感器和执行器连接在一起。这些驱动程序免去了耗费时间的机器人系统驱动程序编写、测试以及实现过程。实际上,LabVIEW 机器人模块包含许多传感器驱动程序版本,用于 Windows、实时模块和基于 FPGA 的平台,确保用户能够适当地连接到传感器,以满足 I/O 需求。

7.6 典型机器人仿真案例分析

LabVIEW Robotics 工具包提供了强大的机器人仿真功能,让用户可以在不依靠实物机器人及场景的条件下设计并验证复杂的机器人系统。虽然 LabVIEW Robotics 工具包提供了不少现成的机器人模型及仿真场景供用户直接使用,但对高端用户来说,还是显得不够用。另外,作为世界上三维建模最快的软件,Google SketchUp(谷歌草图大师)已经被很多用户所接受,那么,如何使用 Google SketchUp 以最快的速度自定义机器人及仿真场景的模型并导入 LabVIEW Robotics 工具包中进行仿真呢?

1. 创建机器人模型并导入 LabVIEW Robotics 工具包

LabVIEW Robotics 工具包中已经集成的机器人模型大多为轮式机器人或机械臂,却基本没有足式机器人,这样在做足式机器人的相关仿真时就需要自己搭建一个模型。这里以创建四足机器人模型为例,介绍如何创建机器人模型并将其导入到 LabVIEW Robotics 工具包中。

(1) 创建四足机器人的躯体部分,如图 7-33 所示。利用 Google SketchUp 绘制草图的方式,操作非常容易和简便。

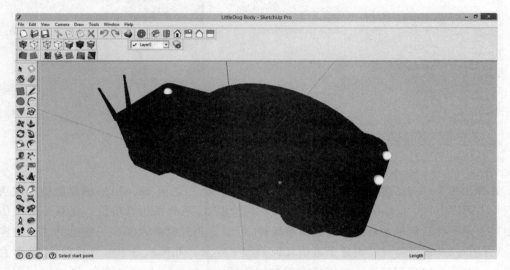

图 7-33　创建四足机器人的躯体

(2) 创建四足机器人的髋关节部分,如图 7-34 所示。

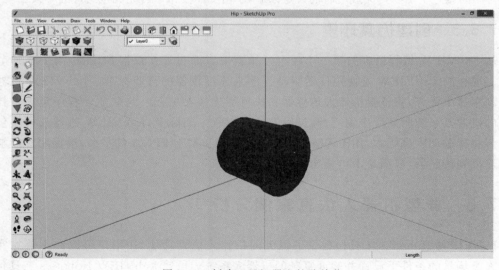

图 7-34　创建四足机器人的髋关节

（3）创建四足机器人的大腿部分，如图 7-35 所示。

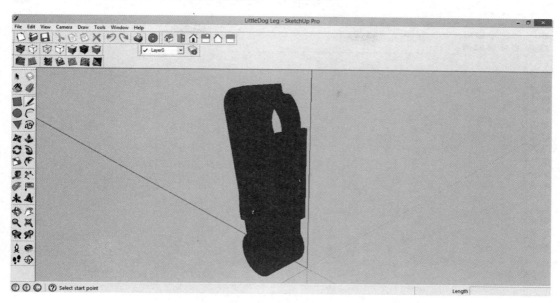

图 7-35　创建四足机器人的大腿

（4）创建四足机器人的小腿部分，如图 7-36 所示。

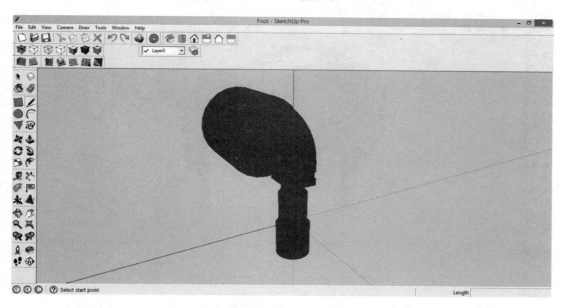

图 7-36　创建四足机器人的小腿

（5）创建四足机器人的足尖部分，如图 7-37 所示。

（6）拼装各模块，组建四足机器人。推荐将模型导入 LabVIEW 之前先在三维建模软件中进行一轮组装，提前发现可能存在的问题并进行修正，同时确认一下各部分模型的相对位置关系，如图 7-38 所示。

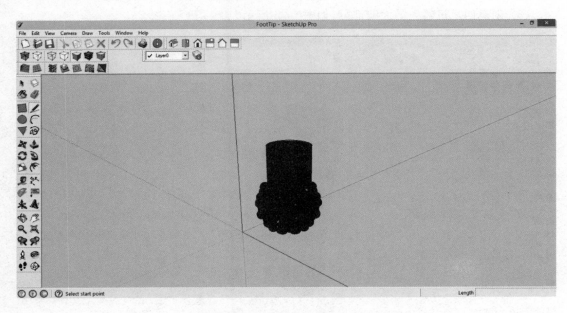

图 7-37 创建四足机器人的足尖

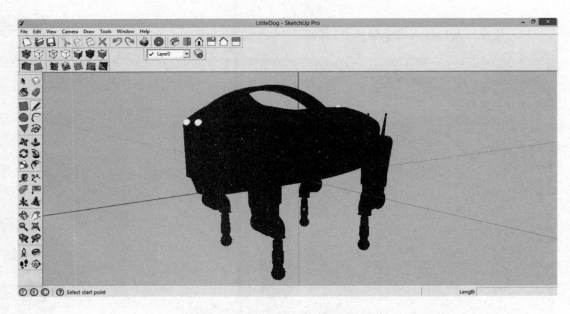

图 7-38 拼装各模块组建四足机器人

　　(7) 在 SketchUp 中确认整体模型没有问题后即可将各部分三维模块导出，为导入 LabVIEW Robotics 环境中做准备。虽然 LabVIEW 支持多种模型格式导入，但考虑到 SketchUp 内部的单位值与实际模型的对应有效性，这里还是推荐将模型导出为 .dae 格式，如图 7-39 所示。

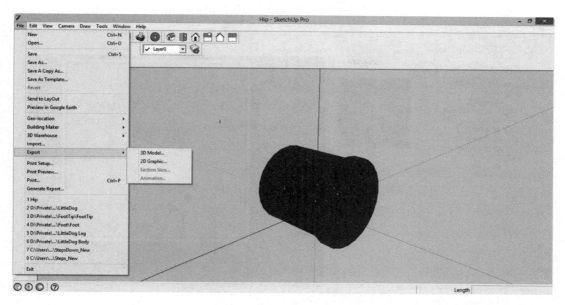

图 7-39 导出模型

在导出 dae 格式文件时还有一些选项需要用户注意,一般推荐按图 7-40 方式勾选即可。

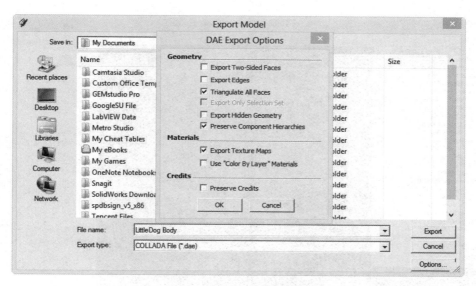

图 7-40 导出 dae 格式文件

(8)将生成的 dae 模型文件导入到 LabVIEW Robotics Simulator 中,通过单击相应的按钮弹出模型导入对话框,如图 7-41 所示。

(9)右击左上角的 User Model 并从弹出的快捷菜单中选择 Add Models 命令,表示当前需要添加用户的模型组件(如图 7-42 所示)。注意:不是添加完整的机器人,而是机器人各部分的模型,LabVIEW Robotics 的逻辑与三维建模软件是一样的,都需要先获得机器人的各部分组件,然后再在软件中组装。

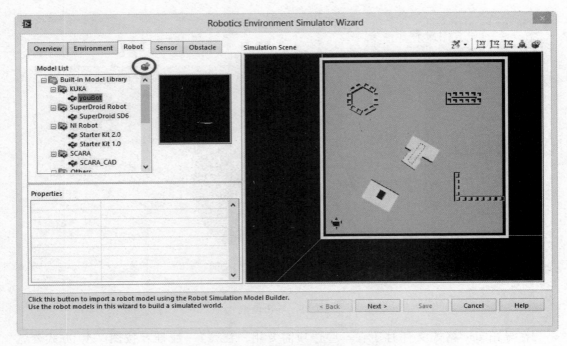

图 7-41　LabVIEW 模型导入对话框

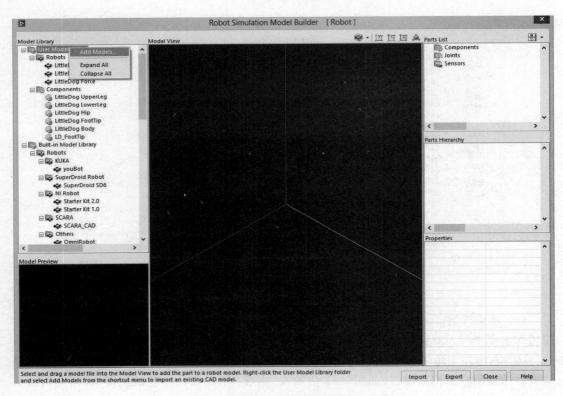

图 7-42　LabVIEW 添加用户的模型组件

（10）LabVIEW 导入模型组件方法如 7.5.2 节中所示。

（11）所有成功导入的模型都会出现在 Components 文件夹下，单击对应的模块可以在左下角进行组件预览，如图 7-43 所示。

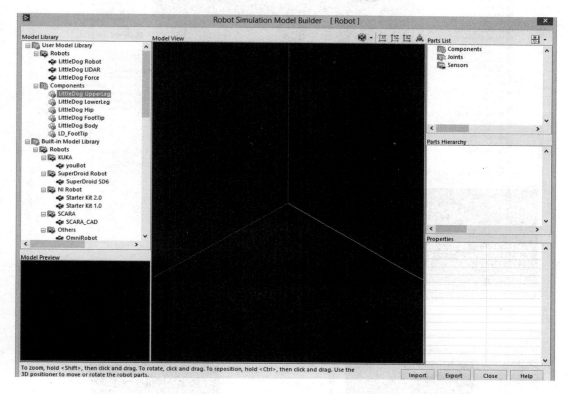

图 7-43　LabVIEW 组件预览

（12）将组件拖动到中央窗口即可进行机器人的组装，根据之前在 SketchUp 中的组装结果快速定义各模块的相互位置关系。选中某个模块并在右下角属性框中输入对应的位置信息，该模块即可自动移动到对应的位置。当然，用户也可以手动拖曳该模块到指定的位置，必要时还可以调整组件的方向角，如图 7-44 所示。

（13）相对位置设置完毕后还需要建立各组件的关节约束。定义关节约束时都是两两组件间进行的，在右侧的 Parts Hierarchy 窗口中将连接组件拖动到被连接组件上，两个组件之间就会自动出现一个关节。如果依照图 7-45 进行组装并拖曳，即可完成整个四足机器人的腿部关节创建。这里以左前腿为例，给出各关节的位置及自由度定义。从上到下依次是髋关节的 Y 向/X 向旋转自由度、膝关节的 Y 向旋转自由度和踝关节的 Z 向直线自由度，如图 7-45 所示。

（14）根据关节自由度设置关节类型并为每个主动关节配备电动机。注意：配备电动机后还需要设置一下电动机参数，设置原则与真实电动机出力能力相近。为了便于仿真，可以在真实电动机的参数值基础上适当增大关节属性，如图 7-46 所示。

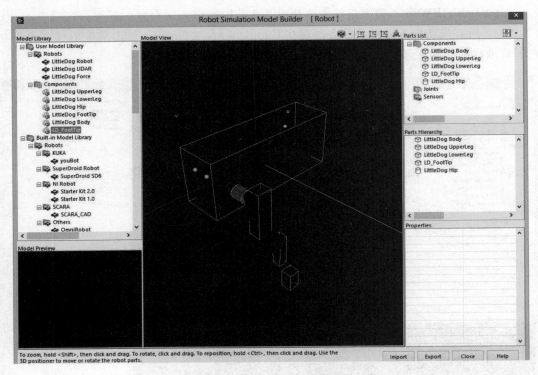

图 7-44　LabVIEW 组件调整

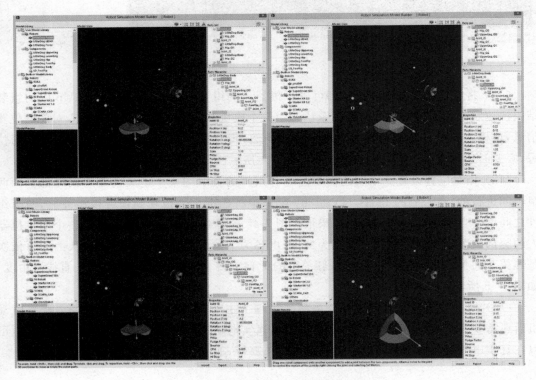

图 7-45　LabVIEW 组件设置

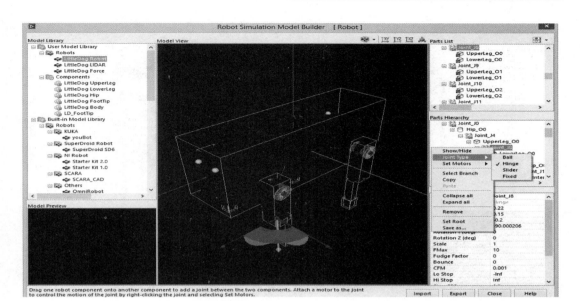

(a)

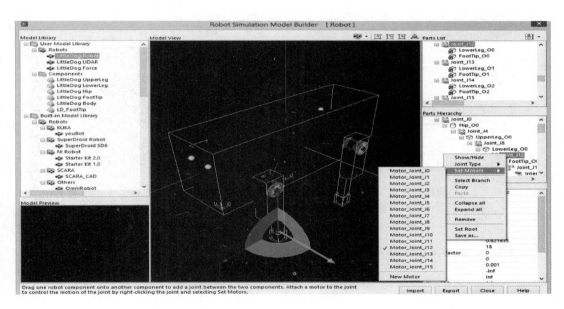

(b)

图 7-46　LabVIEW 组件修改属性

（15）完成上述步骤后，基本就完成了四足机器人在 LabVIEW Robotics Simulator 中的组装。选择导出机器人并保存，用户就能在 Robots 文件夹下看到并直接拖曳使用该机器人，如图 7-47 所示。

2. 使用 SketchUp 创建仿真地形并导入到 LabVIEW Robotics 工具包

除了创建复杂的四足机器人模型，还可以用 SketchUp 来创建仿真用的虚拟场景地形并直接导入到 LabVIEW Robotics 中使用。SketchUp 中内置了对复杂地形曲面的表面描

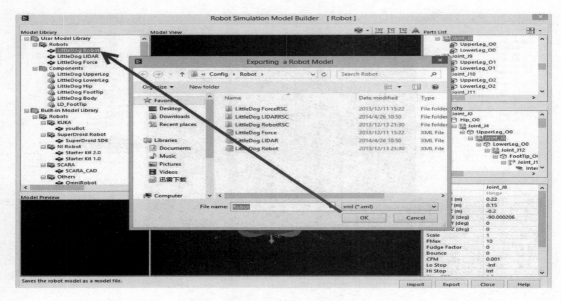

(a)

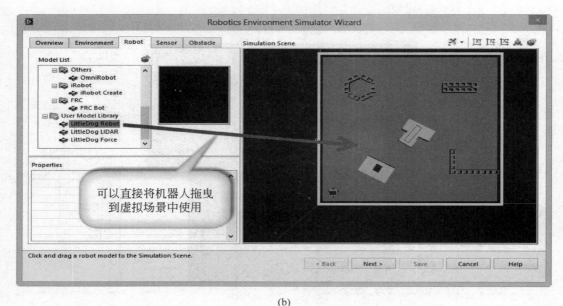

可以直接将机器人拖曳
到虚拟场景中使用

(b)

图 7-47   LabVIEW 模型保存

述,LabVIEW Robotics Simulator 可以直接就这些描述去做碰撞检测。此外,SketchUp 内置的沙盒(Sandbox)工具可以非常轻易地定义并创建非常复杂的地形,这使得在虚拟场景创建中 SketchUp 几乎成为每个工程师的首选。创建仿真地形基本分为如下几步:

(1) 在 SketchUp 中创建一定规模大小的三维地形,对于有地形测试及地形适应算法分析的用户,建议一次构建多种规模相同但地形表面状况各异的地形作为一组,为后续算法测试提供对照,如图 7-48 所示。

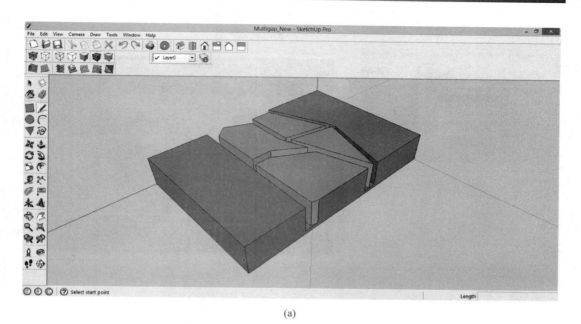

(a)

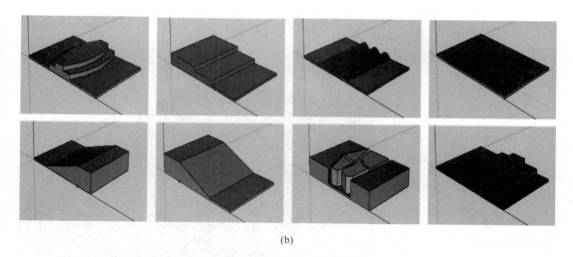

(b)

图 7-48　创建多种规模地形

（2）和导出四足机器人各模块组件一样，也将地形模型导出为 dae 文件。

（3）在 LabVIEW Robotics Environment 选板下单击红色的添加按钮并选定之前导出的地形 dae 文件弹出地形导入对话框，如图 7-49 所示。

（4）地形导入对话框中的设定项比较少，一般海拔起点（Ground Level）不需要用户去更改，按默认值选取即可。地形材质可以从光滑到粗糙中选取特定的级别，这一项主要影响仿真过程中机器人的着地摩擦力。目前 LabVIEW 还只支持单一材质，无法做到同一片地形各个区域实现不同的材质（即摩擦效果）。如果用户有类似需求，则需要多建立几个地形进行相关的设定并单独进行仿真。

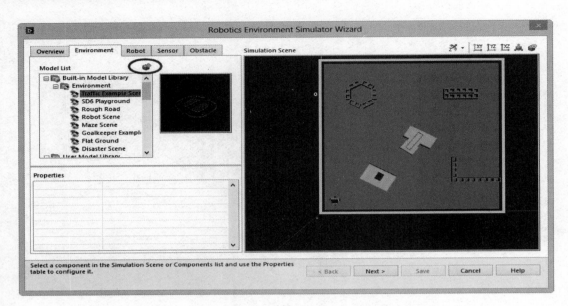

(a)

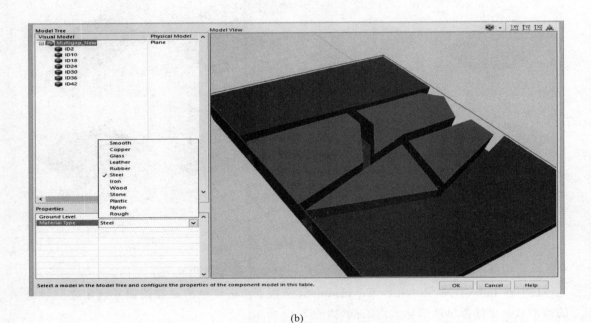

(b)

图 7-49　地形导入对话框

（5）单击 OK 按钮完成导入后地形会自动出现在 User Model Library 下，双击该地形即可将仿真环境设置为之前导入的地形，如图 7-50 所示。此后，可向该地形中拖放各类需要仿真的机器人。

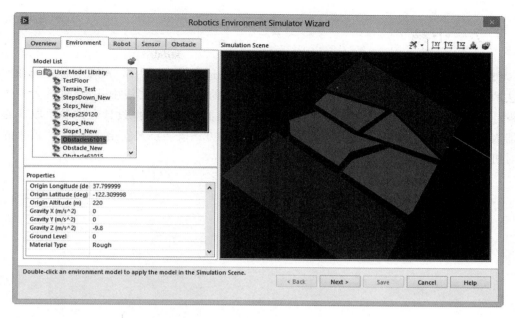

图 7-50　添加地形导入模型

3. 创建四足机器人及地形场景进行行走实验

下面主要展示创建出的地形及机器人在实际仿真编程使用过程中的有效性,具体的实现原理及代码会在其他机器人相关的指示介绍中罗列出来,此处不作展开。测试用软件面板如图 7-51 所示,它展示了四足机器人在场景中的行走效果。

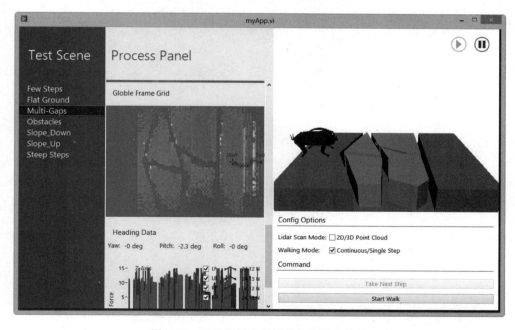

图 7-51　四足机器人在场景中的行走效果

7.7　小结

机器人仿真可以应用在机器人的设计、机器人的运动学及动力学分析、各种规划和控制方法的研究等；也可以应用到那些以机器人为主体的自动化生产线中，包括机器人工作站的设计、机器人的选型、离线编程和碰撞检测等，为机器人系统提供设计和试验手段。通过机器人仿真系统提供不仅可以提高生产效率，且这种方法既经济又安全。因此，机器人的仿真对机器人设计和研究来说具有重要意义。

第 8 章

CHAPTER 8

机器人系统开发

通过上一章了解到控制器是机器人系统的核心部分。美国国家仪器(NI)公司提供的典型控制器由实时控制器、可重配置的现场、可编程门阵列(FPGA)和外围 I/O 接口组成。

NI myRIO 是 NI 针对高校应用教学最新推出的嵌入式创新实验与项目开发平台。myRIO 基于 Xilinx Zynq 技术,集成了双核 ARM 和 FPGA,使用户可以通过 LabVIEW 图形化编程方式在很短时间内快速实现系统级嵌入式应用的开发。

本章以 myRIO 作为机器人控制器为例,介绍如何用 LabVIEW 开发一个典型的机器人控制器。下面重点介绍使用 LabVIEW 开发机器人控制器这样多层软硬件架构的方法和一些技巧。本章知识涵盖 LabVIEW 开发 RT、FPGA 代码的基本操作方法及一些调试部署方式。

8.1 myRIO 简介

1. 简介

NI 是针对教学和学生创新应用而最新推出的嵌入式系统开发平台。NI myRIO 内嵌 Xilinx Zynq 芯片,使学生可以利用双核 ARM Cortex-A9 的实时性能以及 Xilinx FPGA 可定制化 I/O,学习从简单嵌入式系统开发到具有一定复杂度的系统设计。NI myRIO 的便携性、快速开发体验以及丰富的配套资源和指导书,使学生在较短时间内就可以独立开发完成一个完整的嵌入式工程项目应用,特别适用于控制、机器人、机电一体化、测控等领域的课程设计或学生创新项目。由于 NI myRIO 是一款针对学生创新应用的平台,因此在产品开发之初即确定了以下重要特点:

(1) 易于使用。引导性的安装和起动界面可使学生更快地熟悉操作。

(2) 编程开发简单。支持用 LabVIEW 或 C/C++对 ARM 进行编程,LabVIEW 中包含大量现成算法函数,同时针对 NI myRIO 上的各种 I/O 接口提供经过优化设计的现成驱动函数,方便快速调用,甚至比使用数据采集(DAQ)设备还要方便。如果学生需要对 FPGA 进行自定义编程,则可采用 LabVIEW 图形化编程方式进行开发。

(3) 安全性。直流供电,这是根据学生用户特点增设特别保护电路。

(4) 便携性,快速开发体验以及丰富的配套资源。同时,NI myRIO 是一款真正面向实际应用的学生嵌入式开发平台。NI myRIO 采用 NI 工业级标准可重配置 I/O（RIO）技术，与 NI 其他工业级的嵌入式监测与控制开发平台具有相似的系统结构和开发体验。学生通过 NI myRIO 获得相应的经验后，可将其用于其他更加复杂的工业嵌入式应用开发或相关科研项目。

2. 型号与规格

NI myRIO 分为 NI myRIO-1900 与 NI myRIO-1950 两种型号。

1）NI myRIO-1900 规格

NI myRIO-1900 带有外壳，同时多一组 I/O 接口，并支持 WiFi 连接。它的核心芯片是 Xilinx Zynq-7010，该芯片集成了 667MHz 双核 ARM Cortex-A9 处理器以及包含 28KB 逻辑单元、80 个 DSPslices、16 个 DMA 通道的 FPGA。此外，它提供了丰富的外围 I/O 接口，包括 10 路模拟量输入（AI）、6 路模拟量输出（AO）、40 路数字输入与输出（DIO）、1 路立体声音频输入与 1 路立体声音频输出等。为方便调试和连接，它还带有 4 个可编程控制的 LED、1 个可编程控制的按钮和 1 个板载三轴加速度传感器，并且可提供＋/－15V 和＋5V 电源输出。NI myRIO-1900 内置 512MB DDR3 内存和 256MB 非易失存储器，此外，可通过它集成的 USB Host 连接外部 USB 设备。NI myRIO-1900 可通过 USB 或 WiFi 方式与上位机相连接。关于 NI myRIO-1900 的硬件框图和详细参数，请查看 NI myRIO-1900 User Manual and Specification。

2）NI myRIO-1950 规格

NI myRIO-1950 与 NI myRIO-1900 的硬件框架基本相同，也是基于 Xilinx Zynq-7010 芯片。其主要区别是封装为裸板形式（即不带外壳），同时不支持 WiFi 连接功能。相比 NI myRIO-1900，NI myRIO-1950 少一组 I/O 连接端口，因此少 2 路模拟输入（AI）、少 2 路模拟输出（AO）、少 8 路数字 I/O，并且不提供现成的 3.5mm 音频信号输入和输出接口。此外，也没有＋/－15V 和＋5V 电源输出。NI myRIO-1950 内置 256MB DDR3 内存和 512MB 非易失存储器，并可通过 NI myRIO-1900 集成的 USB Host 连接外部 USB 设备。NI myRIO-1950 可通过 USB 方式与上位机相连接。关于 NI myRIO-1950 的硬件框图和详细参数，请查看 NI myRIO-1950 User Manual and Specification。

3. 扩展外围 I/O

通过 NI myRIO 的 I/O 接口可以进一步扩展外围电路，如连接传感器、编码器、执行机构等。如果需要对电路进行仿真或布线也可选择 NI Multisim 和 NI Ultiboard 软件完成。NI 目前也提供了三种针对 NI myRIO 的可选外围套件，分别为器件套件、机电套件、嵌入式套件。基本器件套件包括 LED、开关、七段译码显示器、电位计、热敏电阻、光敏电阻器、霍尔效应传感器、麦克风、电池槽、直流马达等。机电套件包括直流电动机/编码器、H-bridge 驱动器、加速度计、三轴陀螺仪、红外接近传感器、环境光传感器、超声测距传感器、罗盘、玩具伺服电动机等。嵌入式套件包括 ID 读卡器、数字键盘、LED 阵列、数字电位计、字符显示 LCD、数字温度传感器、EEPROM 等。此外，NI 也提供其他可选的外围附件，如替换电源、固定安装板、扩展洞洞板、扩展连线插座等，尽量使教师可一站购齐所需硬件。

4. 编程开发

如果只对实时处理器（ARM）编程可以选择图形化编程开发环境 LabVIEW。只要在 LabVIEW 中新建一个针对 NI myRIO 的项目（可基于向导自动生成该项目），然后像开发

Windows 下的 LabVIEW 程序一样进行编程,程序可以自动编译并在 ARM 实时处理器中执行。LabVIEW 中内置了多种现成的函数,并针对 NI myRIO 各种外围 I/O 提供不同层次的驱动函数,既可以访问高级特性,也可以进行更底层的编程。这些现成的驱动函数接口除了常见的模拟输入、模拟输出、数字 I/O 之外,还包括 I2C 总线、SPI 总线、PWM、编码器、UART 等接口驱动函数。由于 LabVIEW 图形化编程的特点非常符合工程思维,因此它直观并且易于上手,学生容易在短时间内完成较复杂的系统设计和调试。在编程方面它有以下特点:

(1) 通过 LabVIEW 编写执行在 ARM 控制器上的程序。

(2) 针对 NI myRIO 的各种 I/O 接口,LabVIEW 提供不同层次的现成驱动函数方便编程调用。

(3) 对实时处理器(ARM)编程也可以采用 C/C++ 语言,NI 网站上提供了一些现成的代码范例。

(4) 在 Eclipse 下对 NI myRIO 进行编程。

对于大多数学生项目来说,通常只需要对 ARM 进行编程(此时 LabVIEW myRIO 模块所提供的驱动实际上已经包含了对 FPGA 的配置),但对于某些需要高确定性控制或大量信号处理的应用来说,可能就希望将一些算法放在 FPGA 上执行,此时就需要对 FPGA 进行编程重配置。LabVIEW FPGA 模块可以帮助开发者完成这项工作,同样基于图形化的编程方式,就可以对 FPGA 进行自定义重配置。此外,在 NI myRIO 网络社区中已经有许多编写好的 FPGA 配置可直接使用。运行于 ARM 上的程序可调用相应的接口函数与 FPGA 上执行的功能和算法进行参数和数据交互。

对 NI myRIO 的 FPGA 部分进行自定义编程的 LabVIEW 项目及 LabVIEW FPGA 程序对于许多嵌入式应用,也希望通过上位机查看嵌入式系统当前的运行状态或进行参数和数据交互。NI myRIO-1900 可以通过 WiFi 与上位机相连接,上位机程序写在同一个 LabVIEW 项目下,就可以通过共享网络变量或 TCP/IP 等多种方式在上位机与 NI myRIO 嵌入式程序之间进行数据交互。这样,整个系统就可以完全在同一个软件环境 LabVIEW 下开发实现。最新版本的 LabVIEW 软件结合相应工具包还支持在 iOS 或 Android 操作系统下通过 WiFi 方式访问数据,这样就可以通过 iPAD 或其他移动终端实现对嵌入式系统的交互控制与数据访问。

myRIO 控制器开发通过上位机完成,开发者通过 USB 将 myRIO 连接到主机(例如安装 Windows 操作系统的台式 PC 机或者笔记本电脑),在 Windows 环境下进行开发。主机上必须安装 LabVIEW 开发平台、LabVIEW Real-Time 模块,如果需要对 FPGA 进行开发,则还需要安装 LabVIEW FPGA 模块。LabVIEW myRIO 工具包提供了一系列 API 函数和 ExpressVI 方便用户直接在 RT 层访问 myRIO I/O 接口。

myRIO 控制器的开发一般涉及运行在三个不同位置的 VI,如图 8-1 所示,它们是运行在主机上的 Host VI、运行在实时处理器上的 RT VI 和运行在 FPGA 上的 FPGA VI 三个部分。根据应用的不同,应把任务合理分配到这三个部分。可以归纳 myRIO 控制器开发过程中三个不同运行位置的特性如下:

(1) 运行 Windows 操作系统的主机资源最灵活,调试最方便,但实时性差。适用于数据显示、存储或提供网络服务。

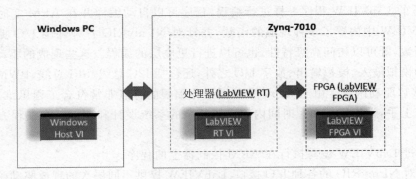

图 8-1　myRIO 控制器系统架构(1)

（2）运行实时操作系统的 myRIO 实时处理器资源较灵活、调试较方便、实时性较好。适合运行测量、本地信号分析、故障诊断、复杂控制逻辑等功能。

（3）FPGA 上运行的程序由于直接通过底层逻辑执行，所以实时性最强，然而资源有限，且调试相对较难，所以适用于实现自定义的 I/O、简单而重复性高的信号处理（如调制、解调、滤波、统计）以及简单且确定性要求高的控制逻辑等。

在 LabVIEW 项目管理器中，可以对这三个 VI 分别进行开发和编程。如图 8-2 所示，在项目中位于我的电脑（My Computer）下的是 Host VI；位于实时控制器 myRIO-1900 下的是 RT VI；位于 FPGA 机箱（Chassis）下的是 FPGA VI。

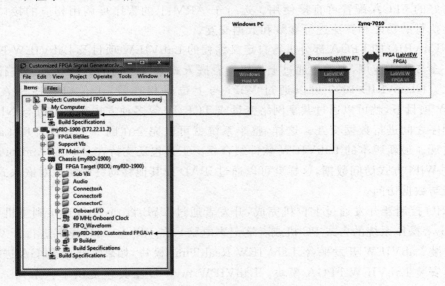

图 8-2　myRIO 控制器系统架构(2)

LabVIEW 启动界面如图 8-3 所示：

在"开始"菜单中，选择 National Instrument→LabVIEW 2014，单击 LabVIEW 2014，打开 LabVIEW 启动界面。选择 File→New→Blank Project 命令生成一个 LabVIEW 项目，如图 8-4 所示。

从图 8-4 中可以看出，当前的项目下面只有 My Computer，而没有 Real-Time Target，

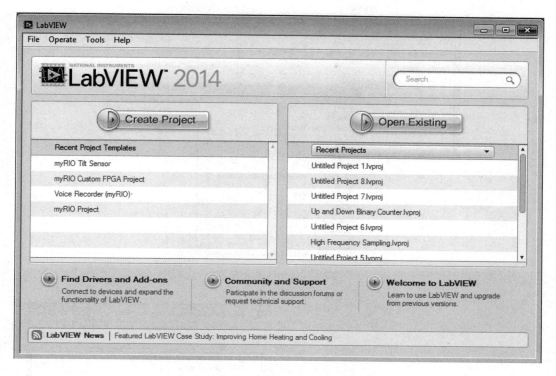

图 8-3 LabVIEW 启动界面

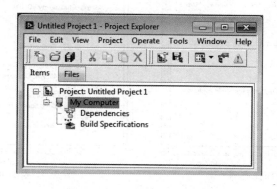

图 8-4 LabVIEW 项目

如果直接建立 VI 开始编程,程序就是在 PC 机上运行。如果希望程序运行在 myRIO 控制器上,则还需要添加 myRIO 实时处理器。即建立 Real-Time Target:右击项目,从弹出的快捷菜单中选择 Untitled Project 1→New→Targets and Devices 命令打开添加终端和设备对话框,如图 8-5 所示。

　　无论有没有硬件都可以新建一个 myRIO 设备。若手边有硬件,则单击 Existing target or device 找到自己的硬件。在没有硬件的情况下,选择 New target or device,在终端和设备类型中选择 myRIO,然后选择需要的控制器,如图 8-6 所示。这样就为项目添加了实时目标,也可以看到当前的 myRIO 目标。LabVIEW 同时把 myRIO 机箱列在了实时目标下,如图 8-7 所示。

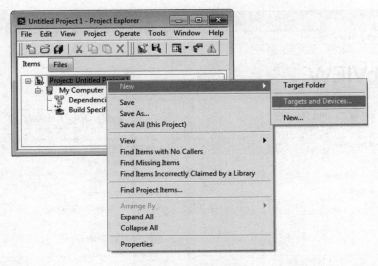

图 8-5　添加终端和设备

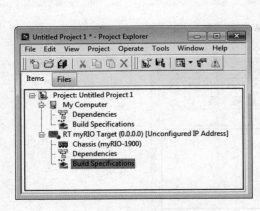

图 8-6　添加控制器

图 8-7　添加 myRIO 目标

　　此时在项目中能看到 myRIO 实时处理器和机箱。如果已经安装了 myRIO 模块,那么现在就可以在 myRIO 目标下创建 RT VI,利用 RT 工具包自带的 API 函数和 ExpressVI 进行开发。这种模式下,相当于采用了 NI 工程师已经开发好的 FPGA 功能,用户不需要安装 LabVIEW FPGA 模块,也不需要对 FPGA 进行编程,就可以直接读取 I/O 模块的数据,并在实时控制器上进行处理。

　　当然,一些高级用户不满足于 RT 层面的开发。有些特殊应用和需求需要用户安装 LabVIEW FPGA 模块,对 FPGA 的功能进行编程,包括与 FPGA 芯片和 I/O 的连接。开发 FPGA 需要在已经创建好的项目中添加 FGPA 目标。在机箱中新建 FPGA 目标如图 8-8 所示。

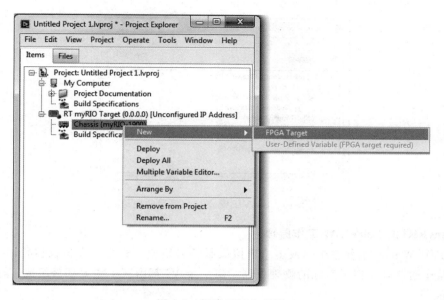

图 8-8　新建 FPGA 目标

现在已经创建出一个完整的 myRIO 控制器开发架构。根据需求可以在项目中对不同层次进行开发。如图 8-9 所示，项目中包含 My Computer、RT myRIO Target、FPGA 硬件组件的实例。

图 8-9　开发结果

下面就可以在不同实例下新建各个层次的 VI。在 My Computer 下面建立 HOST.vi，这是运行在 PC 机上的程序；在 RT myRIO Target 下面建立 RT.vi，这是运行在实时控制器上的程序；最后在 FPGA Target 下建立 FPGA.vi，这是运行在 FPGA 下的程序。将每个层次的 VI 都添加完整后，项目如图 8-10 所示。

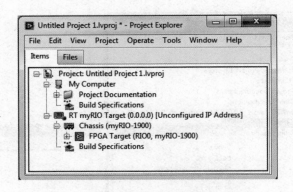

图 8-10　LabVIEW 添加完整后的项目

5. myRIO 的 LabVIEW 工作原理

LabVIEW 的一个程序由一或多个虚拟仪器(VI)组成。称之为虚拟仪器是因为它们的外观和操作通常是模拟了实际的物理仪器。每一个 VI 都由三个主要部分组成：前面板、框图和图标。

前面板是 VI 的交互式用户界面，它模拟了物理仪器的前面板，包含旋钮、按钮、图形、用于用户输入的其他控件和用于程序输出的指示器。用户可以使用鼠标和键盘进行输入，然后在屏幕上观察程序产生的结果。框图是 VI 的源代码，由 LabVIEW 的图形化编程语言构成。框图是可执行的程序，包括低级 VI、内置函数、常量和程序执行控制结构等。用户可以用连线将合适的对象连接起来定义它们之间的数据流。前面板上的控件对应框图上的终端，数据可以从用户传送到程序并再回传给用户。图标是 VI 的图形表示，可以在另外的 VI 框图中作为一个对象使用。被另外一个 VI 使用的 VI 称为子 VI，类似于子程序。当 VI 作为子 VI 使用时，引入连接器从其他框图中连线数据到当前 VI。连接器定义了 VI 的输入和输出，类似于子程序的参数。

虚拟仪器是分层和模块化的程序，可以作为上层程序或子程序。使用这种体系结构，LabVIEW 进一步提升了模块化编程的概念。首先，把一个应用程序分成一系列简单的子程序。其次，逐个建立 VI 完成每一个子程序。最后，在一个上层框图中将这些 VI 连接起来完成更大的程序。模块化编程是叠加过程，每一个子 VI 都可以单独执行以便调试。另外，一些底层子 VI 所执行的任务是很多应用程序共用的，在每个应用程序中都可以独立地使用。

8.2　创建项目

通过上一节的介绍，了解到一个 myRIO 控制器的项目包含三个 VI。本节将进一步介绍怎样建立一个 myRIO 控制器项目。若手边没有 myRIO 设备可采用虚拟一个 myRIO target 的方式创建一个项目，或者使用 NI 中其他有同样三层硬件架构的设备，如 CompactRIO、sbRIO 来代替 myRIO。它们的开发方式都大同小异，掌握一种基本上就可以开发其他设备。

8.2.1　创建 LabVIEW 项目

由于 LabVIEW 的模块化特性,可通过添加 NI 和第三方的附加软件来满足顾客的项目需求。下面列出各种 LabVIEW 函数和高级工具可用于帮助用户开发特定应用并将其部署至终端。

(1)集成部署硬件:结合可编程自动化控制器(PAC)设计、原型与部署硬件终端。如 LabVIEW Real-Time 模块、LabVIEW FPGA 模块、用于 ARM 微控制器的 NI LabVIEW 嵌入式模块、NI LabVIEW Mobile 模块、NI LabVIEW 触摸屏模块、NI LabVIEW 无线传感器网络模块、LabVIEW C 代码生成器、NI 实时管理程序。

(2)信号处理、分析和连接:添加用于声音和振动测量、机器视觉、RF 通信、瞬时与短时信号分析等的专用图像和信号处理函数。例如,LabVIEW 视觉应用开发模块、声音和振动测量套件、声音与振动工具包、NI LabVIEW 因特网工具包、NI LabVIEW 高级信号处理工具包、NI LabVIEW 自适应滤波器工具包、NI LabVIEW 数字滤波器设计工具包、NI LabVIEW MathScript RT 模块、频谱测量工具包、NI LabVIEW 调制工具包、NI LabVIEW 机器人模块、LabVIEW 生物医学工具包、LabVIEW 电能套件、ECU 测量和校准工具包、用于 LabVIEW 的 GPS 仿真工具包、用于固定 WiMAX 的测量套件、NI WLAN 测量套件、汽车诊断指令集及 LabVIEW GPU 分析工具等。

(3)控制与仿真:使用高级控制算法、动态仿真与运动控制软件设计、仿真并执行控制系统。例如,NI LabVIEW PID 和模糊逻辑工具包、NI LabVIEW 控制设计与仿真模块、NI LabVIEW 系统辨识工具包、NI LabVIEW 仿真接口工具包、LabVIEW NI SoftMotion 模块。

(4)数据管理、记录与报表生成:快速记录、管理、搜索采集的数据并将其导出至第三方软件工具。例如,NI LabVIEW 数据记录与监控模块、NI LabVIEW Microsoft Office 报表生成工具包、NI LabVIEW 数据库连接工具包、NI LabVIEW DataFinder 工具包、NI LabVIEW SignalExpress。

(5)开发工具和验证:用户可利用代码分析仪和单元测试架构,评估图形化代码质量并根据开发需求实现回归测试和验证等操作的自动化。例如 NI LabVIEW VI 分析仪工具包、NI LabVIEW 状态图模块、NI LabVIEW 桌面执行跟踪工具包、NI 需求管理软件、NI Real-Time 执行跟踪工具包、NI LabVIEW 单元测试架构工具包。

(6)应用发布:通过创建可执行程序、安装程序和 DLL,将 LabVIEW 应用程序发布给用户或者通过网络或因特网共享用户界面。

LabVIEW 用户的起点都是开发系统,这一开发系统也是图形化编程的基础环境。以下软件包的功能相辅相成,可帮助用户满足当前和未来的需求。LabVIEW 包括基本版、完整版和专业版。

(1)LabVIEW 基本版主要功能:图形化用户界面开发,数据采集,仪器控制,报告生成和文件 I/O。

(2)LabVIEW 完整版主要功能:700 多个数学/分析函数,外部代码集成(.dll),互联网连接,高级用户界面开发。

(3)LabVIEW 专业版主要功能:应用发布(creat.exe),开发管理,源代码控制,网络通信。

8.2.2 添加 FPGA 目标

1. 图形化系统设计

开发基于 FPGA 的系统需要使用底层软件工具和硬件描述语言（HDL）。学习并高效使用 HDL 是一个繁琐且漫长的过程。而 LabVIEW FPGA 提供的图形化编程方法可简化 I/O 连接和数据通信任务，从而大大提高设计效率，减少产品上市时间。

2. IP 库和 HDL 代码复用

如果要提高使用 FPGA 进行设计时的软件开发效率，高效的代码复用不可或缺。LabVIEW FPGA 提供了由 NI 与 Xilinx 公司联合开发的 IP，用于实现诸如计数器或视频解码等更先进算法等基本功能，还可使用 IP 集成节点导入和复用现有 HDL 代码。

3. 快速算法开发

LabVIEW FPGA 具有完整的内置仿真功能和调试工具，使用户可以在编译之前发现尽可能多的执行错误。通过仿真可以使用核心 LabVIEW 调试功能（如高亮执行、断点和探针）调试代码。

创建一个带有 FPGA 硬件的新 LabVIEW 项目。右击 FPGA 目标，并从弹出的快捷菜单中选择"属性"命令。属性对话框有一段标有"组件级（IPComponent-Level IP）"的部分，单击创建文件按钮创建 XML 文件。

对于利用 LabVIEW FPGA 实现 RIO 目标平台上的定制硬件的工程师与开发员，他们可以很容易地利用所推荐的组件设计构建适合其应用的、可复用且可扩展的代码模块。基于已经验证的设计进行代码模块开发，将使现有 IP 在未来应用中得到更好的复用，也可以使在不同开发人员和内部组织之间进行共享和交换的代码更好地复用。

8.3 部署应用程序

通常在一个 PC 终端中进行 LabVIEW 程序的开发时，当完成了一个机器人应用程序的开发，就要把写好的应用程序部署到硬件系统中，这样开发的代码才能真正执行在机器人控制器中，从而来控制机器人的行为。以实时控制器为例，实时控制器像 PC 一样，通常有易失性存储器和非易失性存储器两种。当部署代码的时候可以选择将程序部署在随机存储器中或是永久存储器中。

8.3.1 NI myRIO 与 LabVIEW

如果在 LabVIEW 中实现可以在运行时选择 myRIO I/O 通道的应用，需要添加一个"数组索引"函数，在"编程-数组"里就能找到，把采集到的那条粗的棕色的信号连到输入端。把"数组索引"拉长，让它有 4 个索引输入，就像图里那样，创建四个常数：1、2、3、4。这样就得到了每个通道都分开的 4 个波形信号。

8.3.2 NI LabVIEW RIO 架构简介

NI LabVIEW 可重配置 I/O（RIO）架构是 NI 图形化系统设计平台的一个整体部分。

图形化系统设计方法作为如今设计、原型和部署测控系统的主流方式之一，将 NI LabVIEW 开放的图形化编程环境与商业现成可用(COTS)硬件相结合，简化开发，并提供了自定义设计的能力，帮助工程师实现更高质量的设计。

1. NI LabVIEW RIO 架构

NI LabVIEW RIO 架构(如图 8-11 所示)基于以下四个部分：处理器、可重配置的现场可编程门阵列(FPGA)、模块化 I/O 硬件以及图形化设计软件。借助这四个部分的组合，可获得高性能 I/O 和前所未有的系统定时控制灵活性，从而快速开发自定义硬件电路。

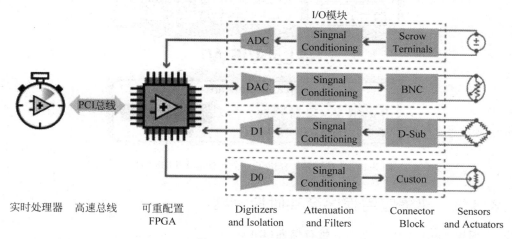

图 8-11　RIO 系统结构

1) 处理器

处理器用于部署代码以实现与 FPGA 等其他处理单元的通信、连接外围设备、记录数据以及运行应用程序。NI 提供各种组成结构的 RIO 硬件系统，包括基于 Microsoft Windows 操作系统且具有对称多处理(SMP)的高性能多核系统以及 NI Single-Board RIO 和 Compact RIO 等紧凑型实时嵌入式系统。

2) 可重配置 FPGA

可重配置 FPGA 是 RIO 硬件系统架构的核心。它用于帮助处理器分担密集型任务，具有极高的吞吐量，提供了确定性执行。FPGA 直接连接至 I/O 模块，可实现每个模块 I/O 电路的高性能访问、无限制定时、触发和同步灵活性。由于每个模块没有通过总线而是直接连接到 FPGA，因而相比其他工业控制器，该架构几乎不会有任何系统响应控制延迟。

由于 FPGA 的高速特性，RIO 硬件经常用于搭建集成了高速缓冲 I/O、超快速控制循环或自定义信号滤波的控制器系统。例如借助 FPGA，Compact RIO 机箱能够以 100kHz 的速率同时执行超过 20 个模拟 PID 控制循环。此外，由于 FPGA 在硬件上运行所有代码，因此它提供了高可靠性和确定性，非常适用于基于硬件的互锁、自定义定时和触发以及无须定制电路的传感器自定义。

3) 模块化 I/O

NIC 系列 I/O 模块包含隔离、转换电路、信号调理以及可与工业传感器/执行器直接连接的内置连接口。通过提供各种连线选项和将连接器接线盒集成到模块内，RIO 系统显著降低了对空间的需求和现场连线成本。

2. LabVIEW 开发平台

针对嵌入式应用的图形化系统设计提供了完善的开发方案,帮助用户借助统一的软件平台有效实现系统的设计、原型与部署。借助 LabVIEW 可以开发处理器所需的应用程序、在 FPGA 上集成自定义测量电路以及通过模块化 I/O 将处理器与 FPGA 无缝集成,从而构建完整的 RIO 解决方案,如图 8-12 所示。

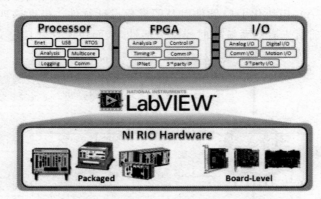

图 8-12　LabVIEW 提供了一个完整的 RIO 开发平台

8.3.3　部署应用程序至实时控制器

1. 部署 LabVIEWVI 至易失性存储器(RAM)

易失性存储器就是常说的 RAM。RAM 通常作为操作系统或其他正在运行中程序的临时数据存储媒介。如果把应用程序部署在目标设备的 RAM 上,则该程序不会一直保存在目标设备上。如果做了重启设备的操作,那么已经部署下去的应用程序也随之消失。这种部署方式在完成代码进行测试时很有用。

把一个应用程序部署到实时控制器的易失性存储器中时,LabVIEW 集合所有需要的文件,通过以太网把它们传输到实时控制器中。这一过程可划分为如下三个步骤:

(1) 在 LabVIEW 项目浏览器中,选择一个实时控制器目标。

(2) 在控制器下打开一个 VI。

(3) 单击运行按钮。

不难看出,这一过程其实就是运行 RT VI 的过程。每当用户单击运行按钮时,LabVIEW 首先会验证该 VI 和所有的 subVI 是否都已经保存,然后将所有的代码部署到实时控制器中,并执行代码。这一过程需要实时控制器和 PC 在同一个子网下。NI 不同的实时控制器和计算机连接的方式也不同。本书中使用 myRIO 作为机器人控制器,它支持 USB 连接或 WiFi 连接。这两种连接方式下,都可将已经写好的代码部署到实时控制器中。其它常见控制器,如 Compact RIO、sb RIO 支持以太网线连接,因此在运行 VI 的时候都需要确保控制器已经连接到 PC 机上,否则 LabVIEW 会报错提示设备无法找到,如图 8-13 所示。

2. 部署 LabVIEWVI 至非易失性存储器

很多与机器人相关的开发一旦完成,开发者都希望程序能独立运行在控制器中,而不需要通过网线或 USB 和计算机相连,也就是代码部署到实时控制器(myRIO 控制器)的非易

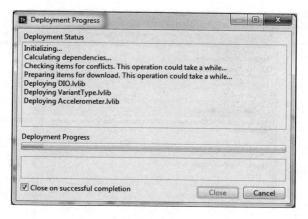

图 8-13 部署 RT VI

失性存储器中,从而可以使代码存储到控制器中稳定运行,并不会在断电时丢失。如果把应用程序部署在目标设备的非易失性存储器(硬盘)上,应用程序可以长期保存在设备的硬盘上,即使断电或重启设备也不会丢失。当执行这种部署时,也可将其设置为开机自动执行。这样,每次起动实时设备的时候都会执行部署下去的应用程序。例如,写一个控制器的起动灯程序,使控制器上的 LED 灯点亮 5s 再熄灭。如果将这样一个程序编译为可执行程序并设置为开机自动执行,程序部署下去以后,每次重启目标设备的时候都会看到 LED 灯被点亮 5s。这种部署方式通常在完成开发并希望创建一个独立的嵌入式系统的时候使用。想要实现这种部署方式,首先需要为 VI 创建一个实时可执行程序(RTEXE)。在程序生成规范中可以将实时可执行程序设置为开机自动执行,从而实现真正的无头嵌入式操作。

1) 创建实时可执行程序

创建一个实时可执行程序需要在 LabVIEW 项目中完成。在 LabVIEW 项目浏览器中选择实时目标,右击该目标下的程序生成规范,如图 8-14 所示,可以看到有创建实时应用程序(Real-Time Application)、打包库(Packed Library)、源代码发布(Source Distribution)、Zip 文件(Zip File)等选项。

选择创建实时应用程序后会弹出实时属性对话框。在左边类别(Category)下面给出了创建实时应用程序时配置选项,其中信息(Information)和源文件(Source Files)选项是在创建实时应用程序过程中最常用的两个配置选项。

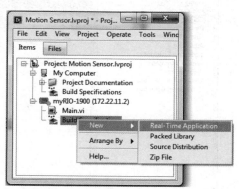

图 8-14 创建实时可执行程序

信息选项包括程序生成规范名称、可执行程序文件名、本地目标目录以及实时终端目标目录。可以更改程序生成规范名称和本地目标目录来匹配命名规则和文件组织结构。通常不需要更改目标文件名或终端目标目录,如图 8-15 所示。

源文件选项用于设置起动 VI(startup VI)以及需要包括的额外的 VI 或者支持文件。需要从项目文件中选择一个顶层 VI 并将其设置为启动 VI。对于大多数应用程序来说,一

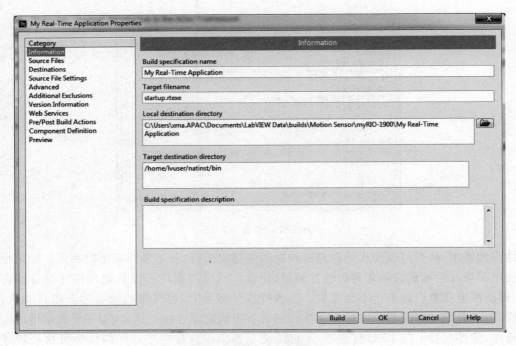

图 8-15　信息选项配置页面

般启动 VI 包括一个单独的 VI,如果应用程序中包括 lvlib 或者 subVI,则不需将 lvlib 或者 subVI 设置为启动 VI 或者放到始终包括中,除非这些文件被应用程序动态调用,如图 8-16 所示。

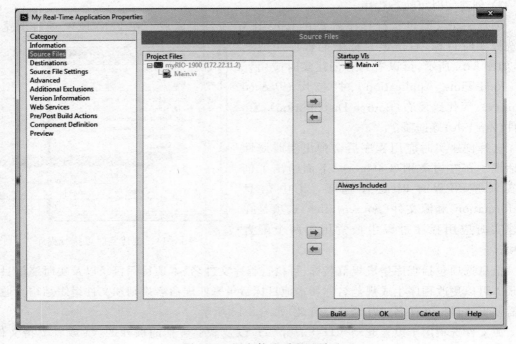

图 8-16　源文件选项配置页面

2) 其他配置选项

(1) 目标(Destinations)和源文件设置(Source File Settigns)允许用户控制文件创建位置以及设置每个 VI 的虚拟属性。这两个选项下的这些设置项在创建实时应用程序时都很少使用。

(2) 高级(Advanced)选项主要设置三个参数,即允许调试、部署前断开多态 VI 及类型定义、使用别名文件。如果允许调试被设置,用户可以在程序运行时连接到可执行文件并对它进行调试。

(3) 预览(Preview)选项。在用户完成应用程序部署后这个选项下将会出现相关目标文件。一旦所有需要的选项都已经设置好,则可以单击确定来保存配置的程序生成规范,或者直接单击生成(Build)按钮来生成实时应用程序。也可以在项目浏览器中右键单击一个已经保存的程序生成规范,从弹出的快捷菜单中选择"生成应用程序"命令。当应用程序生成好后,LabVIEW 即创建了一个可执行程序并且保存到本地目标目录下的硬盘中。

3. 设置可执行 RT 应用程序为启动项(Set as startup)

可执行程序生成好后,可以设置可执行程序为启动项,也就是控制器启动时自动运行。在 myRIO 控制器项目中,找到程序规范下生成好的实时应用程序右键单击,在弹出的快捷菜单中选择设置为启动项(Set as startup),然后再右键单击实时应用程序,选择部署(Deploy),LabVIEW 会把可执行程序和相关的文件复制到 myRIO 实时控制器的非易失性存储器中。这样就将实时应用程序成功地设置为启动项并部署下去。现在每次重启 myRIO 实时控制器,都会自动运行实时应用程序。也可以通过右键单击实时应用程序,选择取消设置为启动项(Unset as startup)并部署设置,从而禁用重启自动运行程序的功能。

LabVIEW 在部署的过程中是将可执行程序和配置文件复制到实时目标上。如果重新生成一个应用程序或者更改了应用程序的设置(例如将应用程序取消设置为启动项),如图 8-17 所示,则必须重新部署实时应用程序,从而使更改能够更新到实时控制器中。

4. 移除可执行文件

基于某些原因,用户部署完成后可能又想移除已经部署在实时目标上的可执行文件。通常这些文件被备份在实时控制器中的 startup 的一个文件夹下,扩展名为.rtexe。一个简单的方法是通过 FTP 登录到控制器上将文件删除。可以使用任何 FTP 客户端软件,以FTP 方式访问目标,在这些软件中,能够看到所有存储在目标上的文件。

5. 从 LabVIEW 应用环境之外部署

按照下列步骤,从 LabVIEW 开发环境之外部署独立的实时应用程序。

(1) 使用实时应用程序属性对话框指定应用程序的设置。

(2) 在元素定义页上,勾选创建元素定义文件(.cdf)并指定依赖项复选框。

(3)(可选)若要为应用程序指定一个版本号,则取消勾选版本号部分的自动递增复选框,为应用程序指定一个具体的版本编号。

(4)(PXI)在所需软件列表中,勾选需要随应用程序一并安装的软件。在软件版本下拉菜单中选择合适的软件版本。

(5)(Compact RIO)在所需软件组列表中选择随应用程序一并安装的软件组。在附加软件列表中,勾选要安装的附加软件包。

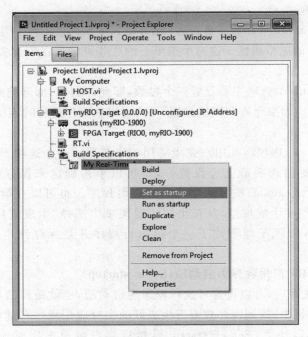

图 8-17　设置启动项

（6）（可选）取消勾选按组显示软件，查看全部可用软件的列表。

（7）单击生成按钮。LabVIEW 生成应用程序和元素定义文件（.cdf），元素定义文件定义应用程序及其依赖项。LabVIEW 将 .cdf 置于 National Instruments\RT Images\User Components 目录下。

（8）生成完成后，在生成状态对话框中检查生成好的应用程序，单击"完成"按钮。

（9）若要将应用程序和依赖项安装至少量终端应使用 MAX；若要将应用程序和依赖项安装至大量终端，需使用安装 VI 的安装启动程序实例。

8.4　基于 myRIO 的视觉应用案例

本节将结合一个具体的实例 myBOT，介绍如何进行实时控制器的开发。myBOT 是一个基于 myRIO 控制平台的自平衡两轮小车 Demo。其主要功能可以描述为：通过传感器（包括电动机转速光栅测速模块、陀螺仪模块和 myRIO 加速计模块）采集小车的运动参数并输入到 myRIO 中，进行处理后，myRIO 输出 PWM 信号和电动机转动方向控制信号来实现对小车的平衡控制，使小车保持平衡，并能够通过 dashboard 控制小车的运动状态，如图 8-18 所示。

在 myBOT 这个 Demo 中，myRIO 起到板载控制器的作用。myRIO 上丰富的接口资源实时读取传感器数据，同时在 FPGA 和实时系统上实现快速电动机闭环控制，以达到控制小车平衡和运动的目的。

图 8-18 视觉抓取图片

8.4.1 视觉小车的电气系统规划

1. 电气系统规划思维及流程

图 8-19 所示为电气系统结构图。

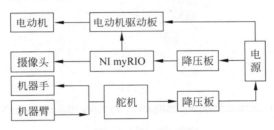

图 8-19 电气系统结构

图 8-20 所示为电气引脚连接图。

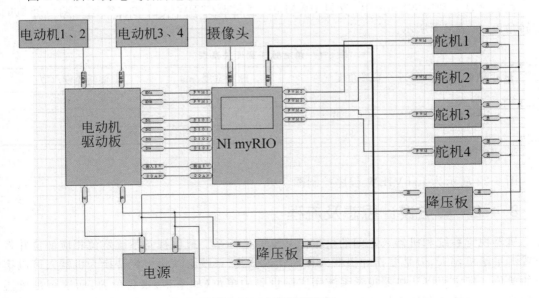

图 8-20 电气引脚连接

2. 电动机控制模块

把电动机的运动状态储存在数组中,每次按下一个按键时,提取相应的一组数组。再把状态传给 NI myRIO 的四个引脚,这四个引脚和电动机驱动板相连,实现电动机的转动控制。而 PWM 的占空比转变为速度的数值,把 PWM 口与电动机驱动板的使能端相连,实现了电动机速率的控制。至此,电动机的活动方向和速率都得到了相应的控制。

图 8-21 所示为 LabVIEW 程序控制图。

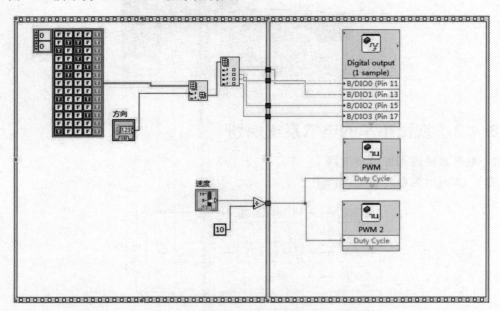

图 8-21　程序控制图

3. 机械臂控制模块

控制方法:利用 NI myRIO 发射 PWM 波,通过改变 PWM 波的占空比来调节舵机的旋转角度,如表 8-1 所示。

表 8-1　角度脉冲宽度关系表

脉冲宽度/ms	旋转角度/(°)	脉冲宽度/ms	旋转角度/(°)
0~0.5	0	1.5~2.5	90~180
0.5~1.5	0~90	2.5	180
1.5	90		

注:其中周期为 20ms。

图 8-22 所示为 LabVIEW 程序控制图。

8.4.2　算法设计思想及流程

机器视觉系统和机器人之间的桥梁是共享的坐标系。机器视觉系统定位相应部位并将位置汇报给机器人,但是要指导机器人移动到该位置,系统必须将坐标转换为机器人可以接受的单位。标定可以让机器视觉系统用实际世界的单位(如毫米)报告位置,而这正是机器人的笛卡儿坐标系所使用的单位。标定的常见方法是使用点网格。要获得关于图像标定的

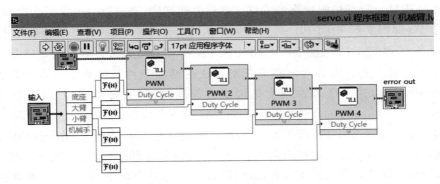

图 8-22　机械臂程序控制图

进一步的信息,请参阅"NI 视觉概念手册"。

在标定机器视觉系统时,必须选择原点定义 x-y 平面。通常选择位于角落的点作为原点,然后选择行或列作为 x 轴。为机器人创建坐标系的方法是相似的,因此要使用机器视觉系统标定网络的原点作为机器人的原点。方法很简单,只要将机器人移动到该点,将该位置存储为机器人控制器上的位置变量,在 x 轴和 y 轴中移动机器人,可以使用 LabVIEW 或 DENSO 的教学模式将这些位置作为位置变量进行存储。完成这些之后,可以再使用 DENSO 的教学模式根据先前所存储的三个位置变量自动计算坐标系或工作区域。

要使用 DENSO 的教学模式的自动计算工具,从主屏幕选择"手臂"→"附加功能"→"工作"→"自动计算"。在打开的自动计算菜单中,只需选择之前存储的原点、x 轴和 x-y 平面相应的位置变量即可。在自动计算完成并且将最近创建的工作设为当前使用的工作之后,可以将已标定的机器视觉系统位置直接输入到机器人的笛卡儿移动 VI 中。这些直接输入到机器人移动 VI 的参数还包括匹配角度,它是机器视觉系统几何模式匹配结果的输出。其他的标定方法还可以直接输入坐标系统参数,而不是使用教学模式内建的自动计算功能。可以用 DENSO 教学模式或 LabVIEW 完成该标定。参阅 DENSO 手册可了解关于机器人标定方法的更多信息。

1. ICP 算法(iterative closest point,迭代最近点)

ICP 算法是一种点集对点集配准方法,如图 8-23 所示。假设 PR 和 PB 是两个点集,该算法就是计算怎么把 PB 平移旋转,使 PB 和 PR 尽量重叠,并建立模型。

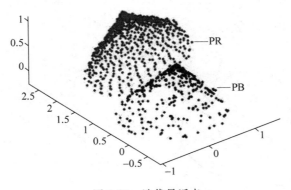

图 8-23　迭代最近点

ICP 是改进自对应点集配准算法的对应点集配准算法,是假设一个理想状况,将一个模型点云数据 X(如图 8-23 中的 PB)利用四元数 $\vec{q}_R = [q_0 \quad q_1 \quad q_2 \quad q_3]^t$ 旋转,并平移 $\vec{q}_T = [q_4 \quad q_5 \quad q_6]^t$ 得到点云 P(类似于图 8-23 中的 PR)。对应点集配准算法主要就是怎么计算出 q_R 和 q_T 后匹配点云。但是对应点集配准算法的前提条件是计算中的点云数据 PB 和 PR 的元素一一对应,这个条件在现实里因误差等问题,不太可能实现,所以就有了 ICP 算法。

ICP 算法是从源点云上的(PB)每个点,先计算出目标点云(PR)的每个点的距离,使每个点和目标云的最近点匹配,这样满足了对应点集配准算法的前提条件,每个点都有了对应的映射点,则可以按照对应点集配准算法计算,但因为这是个假设,所以需要重复迭代运行上述过程,直到均方差误差小于某个阈值。也就是说,每次迭代,整个模型是靠近一点,每次都重新找最近点,然后再根据对应点集配准算法算一次,比较均方差误差,如果不满足就继续迭代。

2. RANSAC 算法(random sample consensus,随机抽样一致)

RANSAC 算法可从一组包含"局外点"的观测数据集中,通过迭代方式估计数学模型的参数。它是一种不确定的算法,并有一定的概率得出一个合理的结果。为了提高概率必须提高迭代次数。该算法最早由 Fischler 和 Bolles 于 1981 年提出。

RANSAC 的基本假设是:

(1) 数据由"局内点"组成,例如,数据的分布可以用一些模型参数来解释。

(2) "局外点"是不能适应该模型的数据。

(3) 除此之外的数据属于噪声。

图 8-24 中,蓝色部分为局内点,红色部分是局外点,而这个算法要算出的就是蓝色部分那个模型的参数。RANSAC 算法的输入是一组观测数据、一个可以解释或者适应于观测数据的参数化模型、一些可信的参数。在图 8-23 中左半部分灰色的点为观测数据,一个可以解释或者适应于观测数据的参数化模型可以在这个图中定义为一条直线,如 $y = kx + b$;一些可信的参数指的就是指定的局内点范围。而 k 和 b 需要用 RANSAC 算法求出。RANSAC 通过反复选择数据中的一组随机子集来达成目标。被选取的子集被假设为局内点,并用下述方法进行验证:

(1) 有一个模型适应于假设的局内点,即所有的未知参数都能从假设的局内点计算得出。

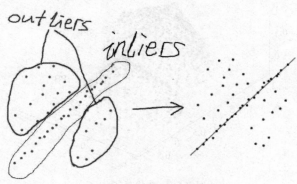

图 8-24 RANSAC 算法

（2）用上一步得到的模型去测试所有的其他数据，如果某个点适用于估计的模型，则认为它也是局内点。

（3）如果有足够多的点被归类为假设的局内点，那么估计的模型就足够合理。

（4）用所有假设的局内点去重新估计模型，因为它仅仅被初始的假设局内点估计过。

（5）通过估计局内点与模型的错误率来评估模型。

这个过程被重复执行固定的次数，每次产生的模型要么因为局内点太少而被舍弃，要么因为比现有的模型更好而被选用。这个算法用图 8-24 的例子说明就是先随机找到内点，计算 k_1 和 b_1，再用这个模型算其他内点是不是也满足 $y=k_1x+b_2$，评估模型，再跟后面的两个随机的内点算出来的 k_2 和 b_2 比较模型评估值，不停迭代，最后找到最优点。模型对应的是空间中一个点云数据到另外一个点云数据的旋转以及平移。

第一步随机得到的是一个点云中的点对，利用其不变特征（两点距离，两点法向量夹角）作为哈希表的索引值搜索另一个点云中的一对对应点对，然后计算得到旋转及平移的参数值。再适当变换，找到其他局内点，并在找到局内点之后重新计算旋转及平移为下一个状态。迭代上述过程，找到最终的位置，其中观测数据就是 PB，一个可以解释或者适应于观测数据的参数化模型是四元数 $\vec{q}_R=[q_0 \quad q_1 \quad q_2 \quad q_3]^t$ 旋转，平移 $\vec{q}_T=[q_4 \quad q_5 \quad q_6]^t$ 可信的参数是两个点对的不变特征（两点距离，两点法向量夹角）。也就是说，用 RANSAC 算法是从 PB 找一个随机的点对计算不变特征，找目标点云 PR 里特征最像的来匹配，计算 q_R 和 q_T。RANSAC 算法成立的条件里主要是先要有一个模型和确定的特征，用确定的特征计算模型的具体参数。RANSAC 算法与 ICP 算法相比，更接近一种算法思想，如图 8-25 所示。

NI Vision Development Module 模块主要包括 NI Vision Builder 和 IMAQ Vision 两部分：

（1）利用 Vision Builder 可以很容易学会图像处理方法，能快速完成视觉应用系统的模型建立，并可随时查验视觉软件策略与效果，以指引在 LabVIEW、Bridge VIEW、Lab Windows/CVI、Visual Basic 或 Visual C 情况下的图像处置软件的开发。

（2）IMAQ Vision 是一套包括各类图像处置函数的功效库，它将 400 多种完全的数字图像处置函数库或功效模块，如弃取边沿检测算法、主动阈值处置、各类形态学算法、滤波器、FFT 等集成到 LabVIEW 和 Measurement Studio、Lab Windows/CVI、Visual C++ 及 Visual Basic 开发情况中，为图像处置供给了完整的开发功能，使用户无须专业编程经验便可敏捷完成优异的、适合所需范畴的数字图像处理系统的开发。

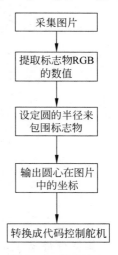

采集图片

提取标志物RGB的数值

设定圆的半径来包围标志物

输出圆心在图片中的坐标

转换成代码控制舵机

图 8-25　算法流程

IMAQ Vision 针对分步开发情况有分步的使用体系，开发人员可以根据需要来进行选择。操纵 LabVIEW、Bridge VIEW 等图形化开发情况可以加速开发速率，同时增加系统的可靠性。这类情况下 IMAQ Vision 的各类处置功能以子程序的情势呈现。若开发者习惯于常规语言的开发环境，可选用基于 C 语言的开发环境 Lab Windows/CVI，IMAQ Vision 提供了丰富的 C 函数库以供调用；若开发者想操纵现有的通用开辟情况，也可以利用 IMAQ Vision ActiveX 控件，它可以在 Visual C++ 及 Visual Basic 和其他层次 Activex 开发情况中以可视化控件的形式供给图像处置功能。IMAQ Vision 库可以处置三种范例的图像：灰度、彩色和复合图像。近年，NI 在 IMAQ Vision 的基础上又开发了 Vision Asistant 工具软件，用于图像处理应用程序的原型设计和测试。它不但可以快速调用数字图像处理函数库或功能模块，还可以方便地修改函数的参数、生成脚本和 VI，功能十分强大。

8.4.3　图像采集模块

用于 DENSO 的 Imaging Lab Robotics 库包含顺序执行 API，可以按照程序编写的顺序执行。但是在许多应用中，机器人控制代码不一定是唯一需要执行的代码，机器视觉采集和处理、HMI 与人机界面、警报管理、供给设备控制以及其他通信程序都是需要和机器人控制程序并行运行的任务。在视觉导向机器人的应用中，图像采集与处理并不需要与机器人指令顺次执行，所以可使用并行处理体系结构让这些功能同时运行，这样机器人无须在移动前等待机器视觉代码运行完毕，机器人的移动更加连续和顺畅。机器人移出可视区域之后，在之前部件装配完毕或移动到目标位置的同时，可以采集新的图像并进行相应的几何模式匹配和检测。因此，当之前的部件放置完毕之后，新部件的位置已经就绪，可以发送到机器人运动 VI 中。图 8-26 所示是实现机器视觉代码与机器人 VI 并行运行的流程图示例。

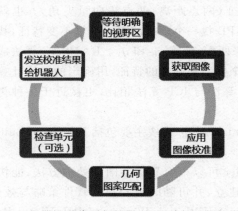

图 8-26　机器视觉代码与机器人 VI 并行运行的流程图

采样分辨率 320×240、30fps 的摄像头，摄像头直接与 NI myRIO 连接，并与其建立通信，再把拍摄的图片发给图像处理模块。图 8-27 所示为 LabVIEW 程序控制图。

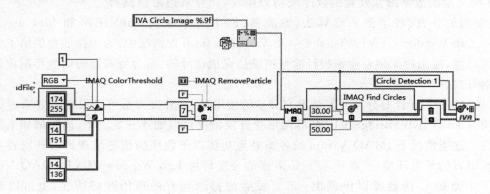

图 8-27　程序控制图

8.4.4 图像处置与阐述模块

在大多数情况下,相机相对机器人而言处于固定位置,这就意味着当完成了机器人和机器视觉系统的标定之后,可以使用机器视觉代码将标定位置输出直接输入到机器人运动 VI 中,这里使用了绝对运动。在其他情况下,可以将相机固定在机器人末端的工具或其他移动设备上。因为相机的视角会不断变化,必须根据视角进行标定更新或使用相对运动。如果使用相对运动,目标位置是以相对于当前位置的偏移量给出的,例如相机要求目标位于每次采集的帧中央。如果目标偏离中央,图像发出指令让机器人移动相应的距离直到目标处于中央位置。在固定相机提供绝对运动达到部件附近或移动到集合区域的情况下,还可以使用混合系统,通过使用第二个相机得到到达目标位置的精确指导。

第一步:设置摄像头的开启与关闭,并将摄像头对准物体进行图片汇集。如图 8-28 所示是工作人员在进行设置的图片。

第二步:对提取颜色进行设置。根据设置的颜色不同,机器人会抓取不同物体。在这里,设置红色为要提取的颜色,对摄像头拍摄的图片进行处置,提取方针物体的色彩,如图 8-29 所示。

图 8-28 工作人员在进行设置   图 8-29 提取方针物体的色彩

第三步:对方针物体进行提取,去除其他的色彩,按照系统所设置的颜色,摄像头只会提取目标颜色,而对其他颜色视而不见。图 8-30 所示是最终的颜色提取结果。

第四步:对于一些干扰颜色,要进行剔除,选取方针色彩最大的地区,如图 8-31 所示。

 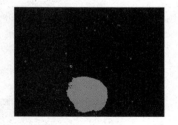

图 8-30 最终的颜色提取结果   图 8-31 选取最大色彩区域

第五步:为方便更改颜色的物体为我们所用,用一个圆形区域来包围目标物的范围,如图 8-32 所示。

第六步:提取圆心的坐标便可获得方针物体的位置,如表 8-2 所示。

图 8-32　圆形区域来包围目标物的范围

表 8-2　提取圆心的坐标

结　果	1
Centerx	156.00
Centery	189.00
半径	36.00

　　当方针物与摄像头标的目的正对时，机械臂直接进行抓取。摄像头位置与方针物如图 8-33 所示。

　　当目标物与摄像头成一定角度时，摄像头按角度旋转扫描，直至与目标物方向正对，机器臂进而进行抓取。摄像头位置与方针物如图 8-34 所示。

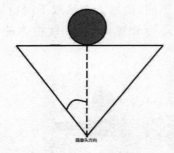
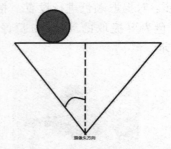

图 8-33　摄像头位置与方针物位置正对　　　　图 8-34　摄像头位置与方针物位置偏离

8.4.5　视觉小车抓取过程

视觉小车在实际抓取过程中的图片如图 8-35 所示。

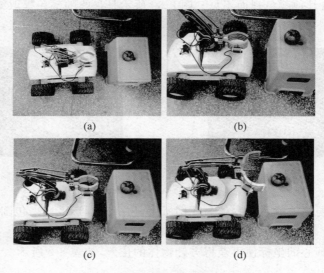

(a)　　　　　　　　(b)

(c)　　　　　　　　(d)

图 8-35　视觉小车抓取图片

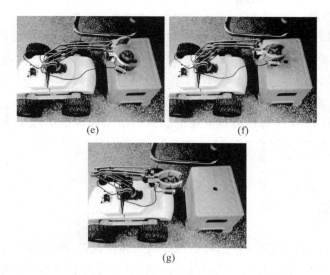

图 8-35 （续）

8.4.6 LabVIEW 嵌入式开发模块技术要点

1. 动态分配存储器技术

动态存储器分配是一项编程师应尽可能避免的复杂操作。例如，如果动态分配出现在将数据存储到数组内的一个循环内，那么它尤其有害。避免在一个循环内动态分配存储器的常用方法是在该循环开始执行前，为每个数组预分配所需的存储空间。

2. 移位寄存器与隧道技术

LabVIEW 的移位寄存器与隧道使数据进/出循环。工程师利用移位寄存器在一个循环的每次执行之间传递数据。当数据用一个输入隧道传进一个循环时，LabVIEW 必须复制该数据并将该备份数据送出来进行下线修改。为了确保原始数据对该循环的下次迭代执行时保持不变，必须要这样做。工程师也可以通过用一个移位寄存器把数据传进该循环的方法来避免备份。这样就消除了不必要的备份，从而加快运行速度。

3. 循环中的大常数技术

如果在循环内部放置一个常数，则会使循环的每次执行都备份这个数据，从而加大执行时间和存储器使用率。工程师为避免这个情况可以把该常数移出该循环，或者用本地变量把数据传递到循环中。

4. 数据类型强制转换技术

LabVIEW 开发环境只要有可能就自动地处理数据类型的冲突，其做法是把较小的数据类型转换成较大的数据类型。例如，如果在一个整数和一个浮点数之间发生一个类型冲突，那么 LabVIEW 就把该整数转换成一个浮点数，随后再执行运算操作。但这个转换代价很昂贵，而且在许多情况下是不必要的，所以工程师可以通过为每个变量选取正确的数据类型来避免强制转换。如果该数据必须被强制转换，则应在将其送去进行操作运算或函数计算前就完成转换，这样效率会更高些。

5. 簇技术的应用

把异构数据捆绑到易管理的数据包中时簇非常有用,如 C 语言结构(C Structs)。然而,此时除了要考虑全部数据外,数据内容的相关信息也必须和这些数据一起传递。因此,有时候,尤其是把数据传到 subVI 时,相对于一个捆绑的簇而言,未捆绑的数据元素可以增加用户应用的运行速度。

尽管类似 LabVIEW 这样的高级编程语言有助于工程师更快地部署其应用,但应注意可提高代码性能的细节很重要。通过注意这些细节有助于工程师快速开发一个高效率的应用。

8.5 小结

使用 LabVIEW 进行实际测量过程中可能遇到相位延迟、噪声、多任务并行机制以及模拟信号的输出与连续采集等问题。针对这些问题,本节提出了一些相应的处理方法,并对开发和使用这类仪器及其测试过程中应注意的事项提出如下意见:

1. 通道间的延迟与相位误差

对于带多路开关的数据采集卡,多个模拟量输入通道是经过多路开关的通断按一定规律顺序进行信号采集,而且各通道在硬件性能上也有或多或少的差异。因此,当同一周期信号加载于两个不同的模拟量输入通道时,采样得到的两组数据之间将会出现一定的相位差别,即各模拟量输入通道之间存在着相位延迟。对于与相位测量有关的如电功率、电能、阻抗等的电工测量任务来说,这种相位延迟的存在,无疑会对测量结果产生负面影响。

为了减小相位延迟对测量结果的影响,可以利用预先测定的不同采集通道在确定温度、湿度下的相频特性,对某个被测频率下不同采集通道以一些简便易行的方法进行相位修正。例如,直接在测量得到的相位上减去同一测量条件下的相位延迟(同一条件指的是信号频率相同、扫描速率相同、采样方式相同和参考通道及通道顺序相同等)。

2. 对测量中噪声的处理

在实际数据采集过程中,由于外界环境的干扰、采集卡等硬件电路本身性能不理想以及数据量化等因素的存在,采集到的信号中将不同程度地夹杂着一定的噪声。因此,为了得到更为准确的测量结果,对噪声进行必要的处理尤为重要。对于和有用信号处于不同频带的噪声,采用滤波的方法可以有效地加以去除。

3. 信号的连续输出与连续采集

连续采集系统中,采样频率一般不宜设置太高,数的设置也要相互配合好,二者都不能太小,否则数据很容易溢出。不过每次读取的点数也不宜太多,否则数组占用的内存会加大,影响操作系统的响应速度,数据处理的时间也会延长,同样会导致因过满外溢而丢失数据。在实际设计和使用中,用户可以尝试着更改这些参数,以得到较为合适的匹配。

4. 虚拟仪器与传统仪器的比较

虚拟仪器以计算机为平台,利用计算机强大的数据处理能力和图形环境,建立虚拟仪器面板,完成对仪器的控制,实现数据处理与显示。它改变了传统仪器的使用方式,扩展仪器功能并提高了使用效率,从而相对降低了仪器的价格,且使用户可根据自己的需要设计仪器,增减仪器的功能。

但是,仅在计算机中插入一块数据采集卡这种硬件结构组成的虚拟仪器测试系统是单CPU运行模式。当进行多台仪器的工作或多个任务的执行时,基本上是按分时的方式处理的,所以这样的多个虚拟仪器并不能像多个传统仪器那样真正做到同步执行测量和处理任务,而且一旦任务量过大,系统的响应就会变慢,任务之间的切换也会变得不灵活。这样的虚拟仪器系统的性能不会太好,而 VXI 系统就要好得多。另外,这种计算机加数据采集卡构成的虚拟仪器系统的电磁兼容性也差一些。

参 考 文 献

[1] 熊有伦.机器人技术基础[M].武汉：华中理工大学出版社,1996.
[2] 谢存禧,张铁.机器人技术及其应用[M].北京：机械工业出版社,2005.
[3] 朱世强,王宣银.机器人技术及其应用[M].杭州：浙江大学出版社,2001.
[4] 郭洪红.工业机器人技术[M].西安：西安电子科技大学出版社,2006.
[5] 陈恳,等.机器人技术与应用[M].北京：清华大学出版社,2006.
[6] 柳洪义,等.机械工程控制基础[M].北京：科学出版社,2006.
[7] 董霞,陈康宁,李天石.机械控制理论基础[M].西安：西安交通大学出版社,2005.
[8] 刘金琨.先进 PID 控制及其 MATLAB 仿真[M].北京：电子工业出版社,2003.
[9] [美]Dennis Clark,等.机器人设计与控制[M].北京：科学出版社,2004.
[10] 贾伯年,朴俞.传感器技术[M].南京：东南大学出版社,1992.
[11] 王化祥,等.传感器原理及应用[M].天津：天津大学出版社,1988.
[12] 徐科军.传感器与检测技术[M].北京：电子工业出版社,2004.
[13] 章卫国,杨向忠.模糊控制理论与应用[M].西安：西北工业大学出版社,1999.
[14] 费仁元,张慧慧.机器人机械设计和分析[M].北京：北京工业大学出版社,1998.
[15] 周伯英.工业机器人设计[M].北京：机械工业出版社,1995.
[16] 宋永端.移动机器人及其自主化技术[M].北京：机械工业出版社,2012.
[17] 龚振邦,等.机器人机械设计[M].北京：电子工业出版社,1995.
[18] 马香峰,等.工业机器人的操作机设计[M].北京：冶金工业出版社,1996.
[19] 刘积仁,等.软件开发项目管理[M].北京：人民邮电出版社,2002.
[20] 卢军.移动软件开发技术[M].北京：中国水利水电出版社,2010.
[21] 陈朝大,李杏彩.单片机原理与应用[M].武汉：华中科技大学出版社,2013.
[22] 李朝青.单片机原理及接口技术[M].北京：北京航空航天大学出版社,2005.
[23] 李广弟,等.单片机基础[M].北京：北京航空航天大学出版社,2001.
[24] 何友,等.多传感器信息融合及应用[M].北京：电子工业出版社,2000.
[25] 马忠梅,等.单片机的 C 语言应用程序设计[M].北京：北京航空航天大学出版社,1999.
[26] 王行仁.飞行实时仿真系统及技术[M].北京：北京航空航天大学出版社,1998.
[27] 杨涤,等.系统实时仿真开发环境与应用[M].北京：清华大学出版社,2002.
[28] 张毅刚,乔立岩,等.虚拟仪器软件开发环境[M].北京：机械工业出版社,2002.
[29] 周开利,康耀红.神经网络模型及其 MATLAB 仿真程序设计[M].北京：清华大学出版社,2005.
[30] 汪敏生,等.LabVIEW 基础教程[M].北京：电子工业出版社,2002.
[31] 杨乐平,李海涛,杨磊.LabVIEW 程序设计与应用[M].北京：电子工业出版社,2005.
[32] [美]G.Johnson,等.LabVIEW 图形编程[M].北京：北京大学出版社,2002.
[33] [美]Ivar Jacobson,等.统一软件开发过程[M].周伯生,等译.北京：机械工业出版社,2002.
[34] 耿德根,等.AVR 高速嵌入式单片机原理与应用[M].北京：北京航空航天大学出版社,2001.
[35] 潘锦平,等.软件系统开发技术[M].西安：西安电子科技大学出版社,1997.